矿井提升机制动系统性能退化评估与故障诊断方法研究

李娟娟　著

U0285416

哈尔滨工程大学出版社
Harbin Engineering University Press

内容简介

本书对矿井提升机制动系统的性能退化评估和故障诊断展开研究,首先,以 JKMD4.5×4 型矿井提升机配套的 E141A 型恒减速制动系统为研究对象,搭建了基于 Simulink 的恒减速制动系统仿真平台,并对制动系统常见故障进行了仿真;其次,提出了一种基于特征选取与 BP 神经网络的制动系统故障诊断方法和基于多传感器监测数据的 TLFCA-BPNN 制动系统性能退化评估方法;最后,研发了矿井提升机制动系统管理平台,实现了制动系统重要参数的实时监测、性能退化评估与故障诊断。

本书可为高校从事机器学习、设备故障诊断、Simulink 建模以及机电系统动态仿真的高年级本科生、研究生和专业教师提供参考,也可供有关设备管理的工程技术人员参考。

图书在版编目(CIP)数据

矿井提升机制动系统性能退化评估与故障诊断方法研究 / 李娟娟著. -- 哈尔滨 : 哈尔滨工程大学出版社,2024. 9. -- ISBN 978-7-5661-4564-2

Ⅰ. TD534

中国国家版本馆 CIP 数据核字第 2024PX2949 号

矿井提升机制动系统性能退化评估与故障诊断方法研究

KUANGJING TISHENGJI ZHIDONG XITONG XINGNENG TUIHUA PINGGU YU GUZHANG ZHENDUAN FANGFA YANJIU

选题策划	邹德萍
责任编辑	唐欢欢
封面设计	李海波

出版发行	哈尔滨工程大学出版社
社　　址	哈尔滨市南岗区南通大街 145 号
邮政编码	150001
发行电话	0451-82519328
传　　真	0451-82519699
经　　销	新华书店
印　　刷	哈尔滨市海德利商务印刷有限公司
开　　本	787 mm×1 092 mm　1/16
印　　张	9.25
字　　数	246 千字
版　　次	2024 年 9 月第 1 版
印　　次	2024 年 9 月第 1 次印刷
书　　号	ISBN 978-7-5661-4564-2
定　　价	45.00 元

http://www.hrbeupress.com

E-mail:heupress@ hrbeu.edu.cn

前　　言

在矿业生产过程中，提升机负责运送人员、设备、煤炭和各类物料，是连接地上与地下整个生产系统的重要纽带。制动系统作为提升机不可或缺的重要组成部分，是提升机稳定、高效运行的安全保障，在矿业生产系统的地位举足轻重。如果提升机制动系统发生故障，轻则影响生产效率，导致经济损失；重则引起人员伤亡，影响社会和谐稳定。因此，对提升机制动系统进行性能退化评估和故障诊断，保障提升机运行的安全性、稳定性和高效性，无论是从理论还是实际上来说，都具有非常重要的意义。

目前，矿井提升机制动系统故障的维修仍旧采用传统的定期维修方式，越来越无法满足矿山企业的现代化发展对于提升设备管理的需求。开展基于主动维护思想的智能维修是提高设备维修效率与企业效益的必然趋势。性能退化评估和故障诊断属于智能维修的重要组成部分，是本课题组一直以来的研究重点之一。该研究需要突破的重点和难点之一，在于性能退化及故障相关数据的获取，本课题搭建了制动系统仿真平台来解决这一问题。本书在总结国内外相关研究理论与技术应用现状的基础上，采用动力学分析建立数学模型，搭建仿真平台模拟系统性能退化，采用仿真和实验验证相结合的研究手段进行制动系统性能退化及故障诊断方法研究，具体的研究工作主要体现在以下几个方面。

首先，基于制动系统的动力学分析，建立了制动系统主要元器件的数学模型。对制动器及提升机恒减速制动进行了动力学分析，建立了制动器的状态方程和提升机的减速度计算数学模型；对恒减速制动系统的核心液压元件电磁比例方向阀进行力学分析、列写流量平衡方程和力平衡方程，得到了电液比例方向阀的电压与位移的传递函数；把比例方向阀每一个阀口当作可变的非线性阻尼器，利用流量方程得到阀芯位移与流量的数学模型；分析了管路的分布参数模型，选择了 Tirkha 一阶惯性的近似模型来近似计算串联阻抗，根据 Oldenburger 提出的双曲函数无穷乘积级数展开来计算双曲函数，得到精度高且计算复杂度相对低的管路数学模型；根据比例方向阀的数学模型、比例方向阀控制制动器的数学模型以及提升机减速度的数学模型，得到了恒减速制动系统的传递函数。

其次，搭建了基于 Simulink 的恒减速制动系统仿真平台。选用 JKMD4.5×4 型矿井提升机配套的 E141A 型恒减速制动系统为研究对象，基于节点容腔法的建模思想，搭建恒减速制动系统仿真平台。用理论计算和恒减速制动仿真结果对比验证了仿真平台的可靠性；利用仿真平台研究制动系统在制动过程中系统压力、提升机减速度以及开闸间隙的动态特性,模拟了弹簧刚度减小、闸瓦摩擦因数下降、液压油中进入空气等制动系统的典型性能退化。通过对典型性能退化的仿真分析表明,主要部件性能下降时,并不会立即引起制动系统故障,而是引起系统性能退化,这些退化表现为制动系统恒减速制动时系统压力降低、开闸间隙变大、合闸时间变长等;当系统性能退化到一定程度才会表现出制动减速度不符合要求、制动器开闸间隙过大等故障;制动系统在恒减速制动时的压力-时间曲线隐含着丰富的运行状态信息,可以作为制动系统性能退化与故障的表征参数,以提取特征参数进行制动系统总体的性能退化评估以及故障诊断。

再次,提出了基于安全制动测试试验制动系统性能退化评估方法。利用仿真平台的仿真数据,研究特征参数的提取以及选择方法,以获取敏感度高的特征参数组成性能退化评估的特征向量;结合基于小波理论构造的复小波核函数能逼近特征空间上的任意分界面、评估精度高、变步长果蝇优化算法优化速度快且可以有效避免陷入局部最优的特点,构造了 VSFOA-CGWSVDD 的制动系统性能评估模型,并定义了性能得分作为性能退化的度量指标;为了使所研究的方法能顺利进行工程转化,首次提出并定义了安全制动测试试验,安全制动测试试验为《煤矿安全规程》规定的制动系统的性能检测提供了一种可行的替代方案;利用 VSFOA-CGWSVDD 性能退化模型实现了制动系统的性能退化程度的定期检测。

提出了一种基于特征选取的 BP 神经网络制动系统故障诊断方法,该方法首先从安全制动测试试验的压力-时间曲线中提取百分位数、均值、峭度因子和小波包分解重构时的能量熵等 29 个特征参数形成备选特征集合,然后基于类间平均距离、类间-类内综合距离、Fisher 得分、数据方差以及相关系数的特征参数综合评估方法,选取故障敏感度高的特征参数,经过主成分特征降维后组成故障诊断的特征向量,最后利用 BP 神经网络进行故障诊断。通过仿真和实验数据,验证了所提方法的可靠性。

提出了基于多传感器监测数据的 TLFCA-BPNN 制动系统性能退化评估方法,实现了实时的制动系统性能退化评估。利用单传感器多时间点数据进行时间融合,利用多传感器数据进行空间融合,根据制动系统结构及各传感器功能划分因素论域,根据性能退化程度设置评语集,结合模糊数学、主客观确权、综合评判与人工神经网络方法,最后得到了表示制动系统性能退化状态的性能指标。该性能指标在 [0,1] 范围内,1 表示性能良好,设备在最佳状态下运行,0 表示性能严重退化,达到《煤矿安全规程》规定的极限值,需要马上停车检修。通过对多种传感器监测数据的综合评估,把设备的多维运行状态信息转化为制动系统性能退化状态的指标,有利于操作和管理人员及时了解设备性能退化程度,有利于做出科学有效的维修决策,为实现制动系统的智能维护提供技术支持。

最后,研发了制动系统管理平台。开发了由上位一体机、闸检测箱、液压站控制模块等平台硬件,利用 LabVIEW 平台软件,基于前文所研究的制动系统性能退化评估与故障诊断方法的管理平台,实现了制动系统重要参数的实时动态监测以及故障报警,基于状态监测数据的制动系统性能退化评估,基于安全制动测试试验数据的定期制动系统性能退化评估与故障诊断,以及对制动系统内部某些特定参数的修改和故障复位,查看故障记录和历史数据等功能。在提升机实验台进行了工业试验,验证了安全制动测试试验方案的可行性,同时也验证了前文所述方法的有效性和可行性。

综上所述,开展提升机制动系统性能退化评估与故障诊断方法研究,不仅可以及时掌握制动系统性能退化程度,还可以通过故障诊断分析造成性能退化的原因及严重程度,对实现制动系统的智能维护、保障其安全高效运行具有重要意义。

本书是笔者在导师孟国营教授主要参与的国家"十三五"重点研发计划"煤矿深井建设与提升基础理论及关键技术"的子课题"深井提升高速重载紧急制动关键技术"(项目编号:2016YFC0600907)的基础上开展的研究,主要研究矿井提升机制动系统智能维护的关键技术。由衷感谢导师谢广明教授和孟国营教授在笔者学习和科研过程中所提供的支持和帮助。同时,还要感谢中国矿业大学(北京)的汪爱明教授和程晓涵副教授对笔者的热心指导和帮助。感谢中信重工机械股份有限公司刘大华总经理、孙富强所长提供的试验平台,感谢技术人员张伟、刘贺伟、贺翔等在试验过程中的大力支持!

由于作者水平有限,本书难免存在不妥之处,恳请广大读者提供宝贵意见,以便不断改进。

著　者

2024 年 2 月

目　　录

第 1 章　引　　言

1.1　研究背景及意义

1.1.1　研究背景

随着矿产开采难度的增大和开采深度的不断增加,矿产深井建设理论及其相关应用研究已成为目前学术界研究的热点和难点,其中,矿井提升机作为地面与地下整个矿井生产系统的重要连接枢纽,是矿产资源安全开发的关键装备,保障其稳定、可靠运行是需要持续研究和探索的课题。

自 1996 年 12 月 1 日起实施的《中华人民共和国煤炭法》明确规定:煤矿企业必须坚持安全第一、预防为主的安全生产方针。目前,因矿井提升机而发生的煤矿生产事故大部分与制动系统有关,如断绳、过卷、墩罐、滑动等。制动系统作为提升机稳定运行的最后一道保障,是有效避免恶性事故发生并防止其扩大蔓延的决定性装置。矿井提升机制动系统发生故障不仅仅影响其自身的正常运行,还会对整个矿山的生产造成巨大影响,严重时甚至可能造成机毁人亡的灾难性事故[1-6],因此有必要对其系统维护问题展开全面分析与研究,以增强矿井提升机运行的稳定性与安全性。

《国家中长期科学和技术发展规划纲要(2006—2020 年)》指出,机械设备的故障诊断可提供设备的运行状态的判断和评估,是设备运行质量和运行安全的技术需求,是构成运行可靠性、安全性、可维护性的重要前提和基础研究工作之一[7-9]。工业和信息化部 2012年印发的《高端装备制造业"十二五"发展规划》将故障诊断和性能退化评估技术列为需重点发展的关键智能基础共性技术。提升机制动系统性能退化评估与故障诊断关键技术的研究,一直以来都是国家关注的重要课题之一。

1.1.2　研究意义

开展矿井提升机制动系统的性能退化评估及故障诊断研究意义重大,主要体现在以下两方面:

(1)科学价值

矿井提升面临大高度、高速度、重载荷等挑战,研究从矿井提升安全制动系统性能退化评价与维护视角出发,展开相关应用基础理论研究,最终形成适用于矿井复杂条件下提升机安全制动系统性能退化评估与故障诊断方法与技术,为矿井提升机的安全可靠制动提供技术支撑。

（2）经济效益社会效益

煤炭资源高效开采需使用大型提升装备,大型提升装备能否安全、可靠地制动受到制动系统性能的制约,而大型提升机的制动装备主要依赖进口,其维护技术也依赖进口。本书通过研究矿井提升安全制动理论、创新和改进设备维护技术,从而打破国外在矿井提升安全制动方面的技术垄断,提高具有自主研发能力的民族企业在国际市场上的竞争力,改变我国提升制动设备的购买及其维护过度依赖进口的窘境,确保我国煤炭产业的健康可持续发展,经济和社会效益十分显著。

1.2　国内外研究现状

设备故障诊断技术经过近五十年的发展,已经逐渐从最初的人工操作诊断发展到现在日趋成熟的智能预测与诊断技术[10-18]。目前的智能诊断系统发展日趋精细化与全面化,其中,设备性能退化评估与故障诊断研究,既可以最大限度挖掘各零部件的潜力,减少因定期检查维修造成的资源浪费,又可以及时发现故障的早期征兆,并防患于未然,提高设备的可靠性和利用率、缩短停机维修时间和保证设备的安全运行[19-23]。

1.2.1　性能退化评估研究现状

性能退化评估研究是利用收集的历史数据和当前数据,分析并获取设备当前运行状态的信息。该研究的理念和方法与故障诊断技术存在很大差异,其重点不是评估某个时间点的故障类别,而是侧重于评估设备全寿命周期退化程度且可以定量。性能退化评估实质是对设备性能退化过程的定量评估,目前已成为该领域的研究热点。

Zhang L 等[27]提出一种基于小脑模型关节控制器的神经网络,后来又出现了主成分分析和该模型相结合的改进的性能退化评估方法[24-26]。李魏华等[28]提出一种基于小波包能量熵和高斯混合模型从轴承性能退化评估模型。胡姚刚等[29]基于 Wiener 过程建立风电轴承的性能退化模型,采用最大似然方法,估计轴承的性能及剩余寿命;Wang L 等[30]通过比例风险模型评估轴承性能、预测剩余寿命。Huang R Q 等[31]提出基于特征提取与选择的自组织映射与神经网络相结合的轴承性能退化评估模型。康守强等[32]提出一种基于混沌优化果蝇算法-多核超球体支持向量机(CFOA-MKHSVM)的滚动轴承性能退化状态定量评估方法,并验证了该方法的有效性。Yu J B[33]提出一种 LPP-高斯混合模型的轴承性能退化评价方法;Pan Y N[34]利用改进小波包和支持向量数据描述进行轴承性能退化评估。王红军等[35]提出了一种基于电流信号的高精密机床主轴性能退化评估方法,用 PSO-SVM 方法建立了主轴性能退化模型,用于主轴性能的监测和评估。郭磊等[36]利用支持向量数据描述对裂纹转子进行了性能退化评估,Tobon-Mejia D A 等[37]提出利用动态贝叶斯网络对数控机床的组合刀具性能退化评价方法,Pan Y N 等[38]利用提升小波包和模糊 C 均值方法对轴承的性能退化进行了评价。Ocak H 等[39]建立 HMM 模型可在线评估轴承损伤,其性能退化指标是待测数据对 HMM 模型的输出对数概率。刘韬[40]选用时域和频域指标,通过 LPP 特征约简,利用耦合隐马尔可夫模型(CHMM)的观测值输出概率作为性能指标,描述齿轮和轴承的性能退化趋势。吴军等[41]选取 RMS 和峭度因子组成特征参数,采用模糊 C 均值聚类过程中各样本的隶属度值衡量轴承性能的退化程度。

随着性能退化评估研究的进一步深入,性能退化评估也不仅仅局限于轴承或齿轮等单一零部件[42],在系统及整机的性能退化研究也取得了很多成果。李震[43]提出了 AR 和 EMD 相结合的压缩机故障特征提取方法和基于 SVDD 算法的往复压缩机性能退化评估方法。Wang T Y 等[44]和 Xi Z M 等[45]等对涡扇发动机的性能参数测量值进行线性变换,从而获取其性能退化状态指标值,其中使用的是线性回归方法。Yan J H 等[46]等对电梯门进行性能退化状态评价。廖文竹[47]根据设备运行过程的状态数据为基础,提出一种基于统计模式识别的设备性能退化评估方法,并引入健康指标来量化当前设备的性能状态,最后以钻孔加工设备为研究对象,证明了所提出方法的有效性和实用性。胡姚刚[48]提出基于多类证据体方法的风电机组性能退化状态评估方法。程宏波[49]利用模糊综合评判实现了牵引供电系统性能退化状态评估。孟成[50]采用基于隶属度的层次分类方法实现了重型燃气轮机气路部件的性能退化预估。潘罗平[51]提出基于最小二乘支持向量机(LS-SVM)的水电机组振动参数性能退化评估模型。肖剑[52]提出了一种基于暂态开机过程与改进动态规整算法的水电机组性能评估方法,该方法可以及早发现机组异常,减少事故发生概率。Wang Z F 等[53]使用支持向量机模型实现了对发动机进行性能退化状态评价;谢晓龙[54]提出了树形表示方法,提出了基于模糊聚类的航空发动机性能退化状态评价方法;付宇等[55]针对航空涡喷发动机气路性能评估方法信息源有限问题,提出了一种融合静电信号和气路参数的发动机性能评估方法,采用了基于逻辑回归模型对发动机的综合性能进行量化评估。李冬等[56]采用改进的 SVDD 方法对发动机进行性能退化状态进行评价;洪骥宇等[57]提出一种基于降噪自编码器的航空发动机性能退化评估方法。该方法首先采集航空发动机气路、滑油及振动监测的 6 个状态参数,采用降噪自编码器,利用贪婪逐层训练算法提取出特征参数进行性能退化评估。李映颖等[58]通过对航空发动机的典型故障分析,应用 RBF 神经网络,构造了基于模型预测误差的性能退化状态评价模型。张彬[59]提出了运行时间归一化的函数主元分析(FPCA)性能退化建模方法,通过航空发动机与直流散热风扇性能退化数据,对基于 FPCA 的性能退化建模方法进行了验证。谭巍等[60]利用核主成分分析,将监控数据与分类面之间的距离作为性能退化状态的指标值。于海田等[61]提出综合利用多参数的区间型不确定性信息决策方法实现了航空发动机的性能状态的评估。王俨剀等[62]采用模糊综合评价以及最大隶属度原则和最大危险性原则实现了对航空发动机的性能状态评价。杨洲等[63]提出了基于相似性度量的发动机性能状态评价方法。

综上所述,国内外有关设备性能退化评估已开展了一系列相关研究,并取得了丰硕的成果,但依然存在一些问题。

（1）从研究对象来说，目前国内外相关研究成果主要集中在航空航天、水电机组、电子通信等领域，鲜少有关矿井提升机制动系统性能退化评估的研究。

（2）从研究视角来说，目前的研究成果多关注设备局部零部件的性能退化评估，如轴承齿轮等单个零部件的相关研究，从设备系统整体视角的研究还处在理论研究阶段。

1.2.2　提升机制动系统故障诊断研究现状

国外研制矿井计算机监测诊断系统始于 20 世纪 60 年代[64-65]，在提升机的状态监测和故障诊断方面水平较高[66-67]，具有代表性的有 ABB、SIEMENS、SIMAG 公司的提升机监控系统[68]，其主要技术均采用 PLC 或者工控机，并对提升机的安全保护系统、行程控制系统和制动系统中的大部分参数实行了监测与控制[69]。

国内提升设备的状态监测和故障诊断系统研究始于 20 世纪 80 年代，提升设备的状态监测起步较晚，但发展较快，全国数十家科研单位和生产厂家先后研制了提升机综合监测装置，大多都具备实时的在线监测、动态显示、曲线绘制、报表打印、自诊断与报警功能[70-75]。目前国内的相关研究工作[76]主要基于以下方法展开。

（1）基于神经网络的故障诊断方法

辽宁工程技术大学李文江等[77]采用 BP 神经网络对矿井提升机进行故障诊断；河南理工大学的刘景艳等[78]采用改进的粒子群算法优化 BP 神经网络的连接权值和阈值，应用于制动系统的故障诊断；辽宁工程技术大学张强等[79]和太原理工大学刘锦荣等[80]针对提升机故障诊断系统的复杂性，构建起遗传算法优化 BP 神经网络的诊断方法。煤炭科学研究总院张庚云[81]应用自组织特征映射（SOM）网络进行可视化故障诊断的方法，建立制动系统的可视化故障诊断模型，利用可视化工具对分类结果进行仿真和分析。

（2）基于专家系统的故障诊断方法

太原理工大学雷勇涛[82]设计了分级递阶神经网络专家系统（NNEDS），对制动系统故障进行分层次故障诊断；李娟莉等[83]针对提升机故障诊断过程中的若干不确定性问题，提出一种基于本体和贝叶斯网络的故障诊断不确定性知识融合推理方法。

（3）基于支持向量机的故障诊断方法

中国矿业大学董黎芳等[84]针对故障样本缺乏的现状，将支持向量机分类算法应用到提升机制动系统的多类故障分类；河南科技大学电子信息工程学院王莹等[85]研究了基于次序二叉树 SVM 的矿井提升机制动系统故障诊断；郭小荟等[86]采用 3 层小波包对闸瓦间隙－时间信号进行分解，以各频带的能量构造诊断样本特征向量，然后结合 SVM 方法对于少样本的矿井提升机制动系统故障做出了很好的诊断。

（4）基于信息融合的故障诊断方法

浙江大学王正友等[87]针对制动系统卡缸故障进行了实验研究，从闸瓦间隙－时间特性曲线中运用小波包的 3 层分解和重构，提取特征向量并训练神经网络；分别针对正常和卡缸情况的测试样本，利用网络的识别结果，运用证据理论进行合成，给出最后判决；太原理工大学王健[88]等提出了一种 2 层信息融合方法，特征层采用 RBF 神经网络进行空间上的融合,决策层采用 DS 证据理论进行时间上的融合,充分利用了各传感器在时间和空间上的互补和冗余信息。中国矿业大学王峰[2]博士、何凤有教授根据计算机技术、检测技术、网络通信等技术的发展现状,基于矿井提升机系统的特点,设计了网络环境下矿井提升机智能故障诊断系统的原型系统。李娟莉等[89]针对提升机故障诊断过程中的若干不确定性问题,提出一种新的基于本体和贝叶斯网络的故障诊断不确定性知识融合推理方法。多种智能故障诊断方法相互融合、取长补短,充分利用不同诊断方法的优势,提高故障诊断的综合性能,是今后智能故障诊断的热点。

(5)其他方法

中国矿业大学汪楚娇、夏士雄等提出了将免疫模型和离散粒子群进化算法相结合的提升机系统的故障诊断方法。浙江大学练睿[90]选择 AMEsim 软件构建制动系统仿真模型,研究制动系统工作机理,搭建了液压制动系统实验平台,提出了一种基于聚类算法的弹簧刚度在线监测方法,并对液压缸卡缸故障、液压油混入空气和液压缸泄漏故障进行了诊断。安徽淮南矿业集团谢桥矿的王守军[91]介绍了瑞典 ABB 公司矿井提升机制动系统在现场的使用和维护情况,介绍了 ABB 闸控的电气机械性能、制动方式和系统保护等,其制动力矩不足及弹簧疲劳故障仍是靠门限值检测。

综上所述,虽然国内外学者在提升机状态监测和故障诊断领域做了大量工作并取得了一系列研究成果,但还存在以下问题。

(1)现有的制动系统状态监测系统缺乏早期故障预警功能,无法监测设备的性能退化程度。目前,制动系统状态监测系统仅用来监测关键参数,并做超限报警,缺乏进一步挖掘和分析数据的能力。可能存在某个或某些参数超限报警,但并不影响设备安全使用性能;也可能存在所有监测参数均在设定范围之内,但设备性能退化,达不到安全使用要求的情况,因此有必要开展提升机制动系统性能退化评估与故障诊断方法的研究。

(2)现有的一些故障诊断指标在实际工程中的应用性较差,例如:摩擦因数和制动力矩的在线监测还没有成熟可行方案;制动正压力传感器信号的线性度和零漂难以解决等问题。

(3)虽然一些故障诊断方法在理论研究层面已经比较成熟,但是在工程实践中应用性较差。例如,卡缸故障的诊断需要监测每一个制动器的闸瓦-时间特性曲线,该方法常因缺乏足量的故障样本而无法做到准确的故障诊断。此外,该方法需要的传感器数量繁多,与用尽量少的传感器达到设备健康管理的目标还有很大差距。

1.3 研究目标和内容

本书研究矿井提升机制动系统性能退化评估与故障诊断方法,开发制动系统管理平台,实现制动系统智能维护,提高制动系统的安全性和可靠性,主要研究内容如下。

（1）矿井提升机制动系统仿真平台搭建

通过理论分析建立制动系统主要元器件的数学模型,基于节点容腔法,利用 Simulink 基本模块搭建恒减速制动系统仿真平台;利用仿真平台仿真制动系统典型性能退化,研究制动系统恒减速制动时系统压力、制动减速度以及开闸间隙的动态特性,确定恒减速制动时的压力-时间曲线蕴含着丰富的系统性能信息,可以作为制动系统性能退化与故障的表征参数,以用来提取特征研究制动系统总体的性能退化评估和故障诊断。

（2）基于安全制动测试试验的制动系统性能退化评估与故障诊断方法研究

定义安全制动测试试验及方法;研究基于相关性、单调性和预测性的制动系统性能退化特征综合评价与选取方法;研究 VSFOA-CGWSVDD 的制动系统性能退化评估方法;研究基于类间平均距离、类间-类内综合距离、Fisher 得分、数据方差、相关系数的故障诊断特征选取与 BP 神经网络相结合的故障诊断方法。

（3）基于多传感器监测数据的制动系统性能退化评估方法研究

研究三级模糊综合评判因素论域和评语集设置方法;研究保证权重系数客观性、公正性和科学性的方法以及监测参数的模糊隶属度函数;研究三级模糊综合评判与神经网络相结合的矿井提升机制动系统性能退化指标计算方法。利用试验台的监测数据验证所提出方法的实用性、可靠性和灵敏性。

（4）研发制动系统管理平台

开发由上位一体机、闸检测箱、液压站控制模块等平台硬件,利用 LabVIEW 平台软件,基于前文所研究的制动系统性能退化评估与故障诊断方法的制动系统管理平台。实现制动系统重要参数的实时动态监测以及故障报警,基于状态监测数据的制动系统性能退化评估,基于安全制动测试试验数据的定期制动系统性能退化评估与故障诊断,以及对制动系统内部某些特定参数的修改和故障复位、查看故障记录和历史数据等功能。在提升机实验台进行了工业试验,验证安全制动测试试验方案和前文所提出的性能退化评估与故障诊断方法的有效性和可行性。

1.4　技　术　路　线

根据上述研究内容,本书研究的技术路线如图 1.1 所示。

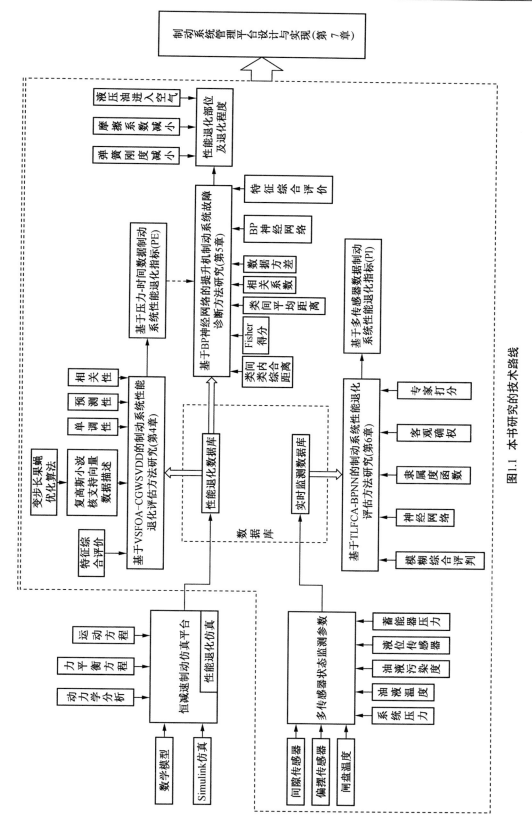

图1.1　本书研究的技术路线

第 2 章　提升机紧急制动基础理论及动力学分析

本章选用 JKMD4.5×4 型矿井提升机配套的 E141A 型恒减速制动系统为研究对象,通过对提升机制动系统的动力学分析,建立了各主要元器件的数学模型和提升机恒减速制动的传递函数。

2.1　提升机制动系统基础理论

提升机制动系统是提升机中不可或缺的重要组成部分,同时也是安全保障的最后一道防线。制动系统由制动器、液压传动系统和控制系统组成[92]。

2.1.1　制动系统功能

提升机制动系统用于提升机停止时可靠地闸住提升机,提升机正常工作时参与控制提升机的运行速度,而在紧急制动时则应能使提升机快速停止。在提升机的使用过程中,其制动工况主要有以下四种类型:

(1)停车制动,是指当提升机停止运转时,制动装置应能可靠地闸住提升机,保证任何情况下提升机均不能转动;

(2)工作制动,是指当提升机减速爬行或重载下放时,制动装置参与提升机速度控制,使提升机的运行状态不偏离预定要求;

(3)紧急制动,也称安全制动,是指当发生突发性事故或意外情况时,制动装置应能迅速且合乎安全要求地闸住提升机制动盘,避免事故的恶性扩大和蔓延;

(4)附加制动,是指双滚筒提升机在更换钢丝绳或调整钢丝绳长度和提升水平时,制动装置应能闸住提升机的游动滚筒并松开固定滚筒。

2.1.2　盘式制动器结构与工作原理

盘式制动器具有反应速度快、结构相对紧凑简单、可按需要灵活增减闸的副数等优点。目前大多数提升机采用的是盘式制动器,盘式制动器结构示意图如图 2.1 所示。

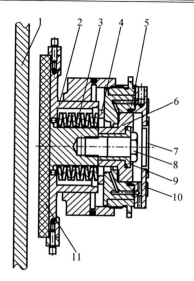

1—制动盘;2—制动器体;3—碟型弹簧;4—弹簧底座;5—油缸;6—活塞;
7—制动器防尘罩;8—缸接螺栓;9—活塞内套;10—制动器盖;11—制动闸瓦。

图 2.1　后腔式盘式制动器结构示意图

　　盘式制动器工作原理为:当液压缸排出高压油液时,碟形弹簧利用预压缩的恢复张力,使活塞杆带动闸瓦右移,闸瓦与制动盘慢慢贴合,此时制动器处于制动状态;当高压油液充入液压缸,活塞受到的液压力大于碟形弹簧的压缩力时,碟形弹簧压缩,活塞开始向左移动,带动闸瓦离开制动盘,引起制动器松闸。根据以上工作原理可以看出,提升机盘式制动器属于事故保安型制动器,其工作方式是油缸充油引起松闸,油缸泄油引起施闸,这种工作方式可以确保在液压控制系统发生故障的情况下,制动器能够自行抱闸以保证安全[93]。当实际安装在提升机上使用时,采用如下方式实现对提升机的制动,即采用螺栓把数个单独的盘式制动器成对固定安装在支架上,在制动时其通过夹持制动盘而产生制动力矩,由此完成制动过程。制动器的现场使用图如图 2.2 所示。

图 2.2　制动器现场使用图

2.1.3 《煤矿安全规程》对制动装置的要求

《煤矿安全规程》对制动装置的要求[94]：

（1）对于立井和30°以上的斜井提升机，要求其工作制动和紧急制动的最大制动力矩都不得小于提升（或下放）最大静载荷静力矩的3倍。

（2）对于立井和30°以上的斜井提升机，紧急制动时，全部机械的减速度在下放重载时，不得小于 1.5 m/s²，在提升重载时不得超过 5 m/s²。

（3）保险闸或保险闸第一级由保护回路断电起至闸瓦接触到制动盘的空动时间不得超过 0.3 s。

（4）盘式制动闸的闸瓦与制动盘之间的间隙应不大于 2 mm，一般在 0.5~1.5 mm。

（5）正在使用的制动盘偏摆量不得大于 1 mm，新安装的制动盘偏摆量不得大于 0.5 mm。

（6）对于摩擦轮式提升机，在工作制动和发生紧急制动的情况下，要求全部机械的减速度不得超出钢丝绳的滑动极限；而在下放重载的情况下，要求必须检测减速度的最低极限，在提升重载时，必须检测减速度的最高极限。

2.1.4 提升机的紧急制动方式

由于矿井提升机工况复杂，提升速度快，提升载荷较大，因而在紧急制动时，常用的制动方式有恒力矩制动和恒减速度制动两种。恒力矩制动是指在制动过程中制动力矩不发生改变，也就是常用的二级制动或三级制动。恒力矩制动在不同工况下制动减速度变化大，紧急制动过程中可能出现钢丝绳打滑现象，降低了设备的安全性能和使用寿命。恒减速制动是指制动减速度始终按预先设定的减速度值进行制动，即使紧急制动时也不会随负荷和工况的变化而改变，从而可以在紧急制动时响应速度快、平稳性好和安全性高[95-96]。深矿井提升机制动系统多采用恒减速制动系统。

2.1.5 E141A 型恒减速制动系统工作原理

E141A 型恒减速制动系统具有减速度恒值闭环自动控制功能。在安全制动时，可在各种载荷、速度、工况下，使提升机按照给定的恒定减速度进行制动。在检测装置检测到实际减速度偏离给定值的情况下，通过电液闭环制动控制系统的反馈调节和补偿作用，保持制动过程中减速度恒定不变，达到恒减速制动的效果。E141A 型恒减速制动系统同时具有恒力矩二级制动性能，在恒减速控制失效时自动转为恒力矩二级制动，增加了系统的可靠性。E141A 型恒减速制动系统原理如图2.3 所示。

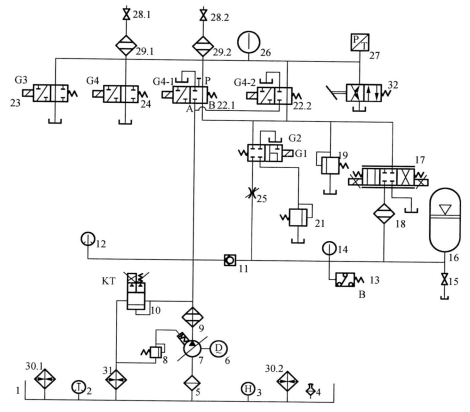

1—油箱;2—电接点温度计;3—液位计;4—空气滤清器;5,9,18,29—滤油器;6—电动机;7—液压泵;
　8—遥控溢流阀;10—比例溢流阀;11—单向阀;12—电接点压力表;13—压力继电器;14,26—压力表;
　　15,28—截止阀;16—蓄能器;17—电液伺服阀;19,21—溢流阀;20,22,23,24—电磁换向阀;
　　　25—节流阀;27—压力传感器;30—加热器;31—冷却器;32—手动换向阀。

图 2.3　E141A 型恒减速制动系统原理图

提升机开始工作前,首先启动液压系统,液压泵向蓄能器充油;在其压力达到要求的数值之后,压力继电器 13 产生动作,电磁换向阀 G1~G4 得电,比例溢流阀给定的压力将降低到零压力,此时液压泵向制动器供油;制动器因压力油的作用而打开,然后提升机开始正常运行。当提升机存在故障,要求系统必须紧急制动时,比例溢流阀、电动机、电磁换向阀 G1 断电,液压泵停止供油,此时制动器的油压快速降至溢流阀调定的贴闸压力,然后根据实际减速度和制动系统压力的信号,双闭环制动控制系统将对电液伺服阀进行控制,使其阀芯发生右移、处于中间位置或者发生左移,也就是说,或者向油箱排油,导致系统压力下降,或者电液伺服阀阀芯位处中间,处于全关闭状态,或者由蓄能器供油,导致系统压力上升,由此确保系统保持恒定压力。通过这种控制方式使制动减速度保持在恒定水平,直至系统全部停车,电磁阀 G3、G4 断电,提升机处于全抱闸状态。

2.2 盘式制动器动力学分析

2.2.1 盘式制动器受力分析

盘式制动器活塞在运动时的受力分析如图 2.4 所示,活塞受到碟形弹簧的压力 f_2、油液产生的压力 f_1、运动过程中的摩擦阻力 f_3,以及给制动盘的正压力的反力 $N^{[97]}$。

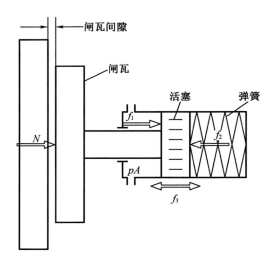

图 2.4　盘式制动器受力分析图

(1)油液对活塞的压力

油液对活塞产生的压力计算公式为

$$f_1 = pA \tag{2.1}$$

式中　p——制动系统压强,Pa;

　　　A——制动油缸面积,m^2。

(2)弹簧力

理想状态下,碟形弹簧的压力 f_2 满足胡克定律,即

$$f_2 = K_t(x_0 + x) \tag{2.2}$$

式中　K_t——碟形弹簧刚度,N/m;

　　　x_0——碟形弹簧预压缩量,m;

　　　x——碟形弹簧位移,m。

(3)摩擦力

活塞运动时主要产生两种摩擦力:一种是活塞与缸体之间相互运动产生的摩擦力,另一种是活塞与液压油之间的摩擦力,也就是液压油阻力。

活塞与缸体之间的动摩擦力：

$$f_v = C_v \frac{dx}{dt} \tag{2.3}$$

式中　C_v——活塞的速度阻尼系数，$N/(m/s)$；

　　　　x——活塞运动的位移，等于碟形弹簧的位移，m。

黏性阻尼：

$$f = C_f \frac{dx}{dt} \tag{2.4}$$

式中　C_f——油液的黏性阻尼系数，$N/(m/s)$。

$$f_3 = f_v + f = (C_v + C_f)\frac{dx}{dt} \tag{2.5}$$

（4）制动力

在弹簧力大于液压油对活塞的压力和摩擦力之和时，制动器闸瓦和制动盘之间就产生了正压力 N，忽略制动器闸瓦与制动盘的变形，其值为

$$N = \begin{cases} f_2 - f_1 \pm f_3 \pm m\dfrac{d^2x}{dt^2} & \delta = 0 \\ 0 & \delta > 0 \end{cases} \tag{2.6}$$

式中　$\pm$——活塞运动方向与弹簧力方向相反或是相同；

　　　　δ——制动器开闸间隙，m。

2.2.2　盘式制动器状态方程

根据制动器的工作原理，可以把制动器的运动分为开闸过程、合闸过程、临界接触和制动过程。

（1）开闸过程

当高压油液充入制动油缸时，如果活塞受到的液压力大于碟形弹簧的压缩力，碟形弹簧将被压缩，活塞开始发生移动，使得闸瓦与制动盘分离，这个过程称为制动器开闸过程。开闸过程中，油液产生的压力克服弹簧力和摩擦力使活塞运动，其运动方程为

$$f_1 - f_2 - f_3 = m\frac{dv}{dt} \tag{2.7}$$

（2）合闸过程

当高压油液从制动油缸流出时，如果活塞受到的液压力小于碟形弹簧的压缩力，碟形弹簧伸长，活塞开始移动，带动闸瓦靠近制动盘，这个过程称为制动器的合闸过程。合闸过程中，弹簧力克服油液产生的压力和摩擦力使活塞运动，其运动方程为

$$f_2 - f_3 - f_1 = m\frac{dv}{dt} \tag{2.8}$$

（3）临界接触

盘式制动器闸瓦与制动盘刚好接触即临界接触。临界接触时的液压油压力 p_t 称为临

界油压,开闸过程中的临界油压称为开闸油压,合闸过程中的临界油压称为贴闸油压(贴闸皮压力),由于摩擦力的存在,制动器的开闸油压和贴闸油压不同。临界接触时制动力为零。

(4)制动过程

在制动器油腔油压小于临界接触油压时,即 p 满足 $0 \leqslant p < p_\text{t}$ 时,制动器闸瓦和制动盘之间就产生了正压力,有制动正压力的过程称为制动过程。

综上所述,制动器制动时从最大开闸间隙处开始运动,合闸过程中活塞的运动方向为正,忽略制动器闸瓦及制动盘的弹性变形,则活塞的运动方程为

$$f_2 - f_1 - f_3 - N = m\frac{\mathrm{d}^2 x}{\mathrm{d}t^2} \tag{2.9}$$

把式(2.1)、式(2.2)和式(2.5)代入式(2.9),得

$$K_\text{t}(x_0 + x) - pA - B\frac{\mathrm{d}x}{\mathrm{d}t} - N = m\frac{\mathrm{d}^2 x}{\mathrm{d}t^2} \tag{2.10}$$

式中　B——活塞运动的黏性摩擦因数,$B = C_\text{v} + C_\text{f}$。

根据式(2.10)可以得到以制动器工作时的状态方程如下:

$$\begin{cases} \dot{x}_1 = x_2 \\ \dot{x}_2 = \dfrac{1}{m}\left[K(x_\text{max} - x_1) - N - Ap + B\dot{x}_1 \right] \end{cases} \tag{2.11}$$

式中　x_1——制动器活塞位移,m;

　　　x_2——制动器活塞速度,m/s;

　　　x_max——碟形弹簧的最大压缩量,$x_\text{max} = x_0 + \delta$,m;

　　　m——制动器活塞及闸瓦质量,kg;

　　　K——制动器弹簧刚度,N/m;

　　　B——活塞运动的黏性摩擦因数,N/(m/s);

　　　N——制动器闸瓦和制动盘之间的正压力,Pa;

　　　A——活塞腔的有效作用面积 m^2。

2.3　提升机紧急制动动力学分析

2.3.1　提升系统的静阻力

提升系统的静阻力包括静力和矿井阻力。静力包括提升容器、载荷质量、钢丝绳质量以及尾绳质量产生的重力;矿井阻力包括罐耳与罐道之间的摩擦阻力、提升容器在井筒中运行时的空气阻力、钢丝绳在天轮和摩擦轮上弯曲时的挠性阻力及天轮轴承的运行阻力[98-99]等。

（1）静力计算

提升系统的静力计算：

$$F_j = F_{js} - F_{jx} \tag{2.12}$$

$$F_{js} = \left[Q_s + Q_z + N_1 P_k H_C + (N_2 q_k - N_1 P_k)(H_h + x) \right] g \tag{2.13}$$

式中　F_{js}——提升机提升侧静拉力；

$$F_{jx} = \left[Q_x + Q_z + N_1 P_k H_C + (N_2 q_k - N_1 P_k)(H_h + H - x) \right] g \tag{2.14}$$

F_{jx}——提升机下放侧静拉力；

Q_s——提升侧容器的载荷，kg；

Q_x——下降侧容器的载荷，kg；

Q_z——提升容器的质量，kg；

H_C——钢丝绳悬垂高度，m；

H——提升高度，m；

H_h——尾绳环高度，m；

N_1——提升钢丝绳根数；

g——重力加速度，m/s^2；

x——坐标轴，提升钢丝绳任意一点距离提升机卷筒（或天轮）中心线的高度；

P_k——提升钢丝绳单位长度质量，kg；

N_2——尾绳根数；

q_k——尾绳单位长度质量，kg。

（2）矿井阻力

矿井阻力主要包括空气阻力和罐道与罐耳之间的摩擦阻力。空气阻力计算需要根据空气动力学方程，其计算过程较为复杂，必须考虑罐笼运动时风流速度的变化、空气对罐笼侧表面的摩擦、罐笼层间的涡流等因素，罐道与罐耳的摩擦阻力包括罐道变形、罐笼偏装、地球旋转、尾绳和提升钢丝绳扭转等因素[100]，这些阻力难以精确计算，国内设计中通常用简化的矿井阻力计算公式：

$$F_Z = f \cdot F_j \tag{2.15}$$

式中　F_j——提升系统静力，kg；

f——矿井阻力系数。

对于首尾绳等重的摩擦式提升机，静阻力计算为

$$F = F_j + F_z = (1 + f) F_j = kQg \tag{2.16}$$

式中　k——静阻力系数，箕斗提升时取 $k = 1.15$，罐笼提升时取 $k = 1.2$；

Q——提升载荷，kg。

2.3.2　提升系统总变位质量的计算

由于提升系统中有做直线运动的部件，也有做旋转运动的部件，因此需要用到总变位质量，其含义是采用集中在卷筒圆周表面的假想的当量质量代替提升系统所有运动部分的

质量[101]。

在实际的提升系统中,不需要变位的部分包括提升载荷、钢丝绳、容器,这几个部分都具有与卷筒圆周相同的速度。需要遵循动能相等的原则进行质量变位的为提升机(其中包括减速器)、电动机转子以及天轮这三个部分。

提升系统的总变位质量为

$$\sum M = Q + 2Q_z + N_1 p_k L_t + N_2 q_k L_p + N m_t + m_j + m_d \tag{2.17}$$

式中　L_t——提升钢丝绳总长度,m;

　　　L_p——平衡钢丝绳总长度,m;

　　　N——导向轮或天轮的组数,kg;

　　　m_t——导向轮或天轮的变位质量,kg;

　　　m_j——提升机(包括减速器)的变位质量,kg;

　　　m_d——电动机的变位质量,kg。

2.3.3　提升机减速度动力学建模

根据达朗贝尔原理,提升机紧急制动时,作用在提升机卷筒上的力矩平衡方程为[101]

$$M_Z \pm M_J = M_d \tag{2.18}$$

式中　M_z——制动力矩;

　　　M_J——静阻力矩;

　　　M_d——提升系统惯性力矩。

$$M_Z = 2(K_m x_0 - P_1 A_p)\mu R_z \tag{2.19}$$

$$M_J = kmgR_j \tag{2.20}$$

$$M_d = \sum mgR_j \tag{2.21}$$

式中　K_m——弹簧组刚度,N/m;

　　　x_0——弹簧预压长度,m;

　　　P_1——紧急制动时制动系统压力,Pa;

　　　A_p——制动油缸面积,m^2;

　　　μ——闸瓦摩擦因数;

　　　R_z——制动半径,m;

　　　k——矿井静阻力系数,箕斗 $k = 1.15$;

　　　m——提升载荷质量,kg;

　　　g——重力加速度,m/s^2;

　　　R_j——卷筒半径,m;

　　　$\sum m$——提升系统总的变位质量,kg;

　　　a——重载提升减速度,m/s^2。

将式(2.19)、式(2.20)和式(2.21)代入式(2.18)得

$$a = \frac{(K_{\mathrm{m}}x_0 - P_{\mathrm{l}}A_{\mathrm{p}})\mu R_{\mathrm{z}} \pm kmgR_{\mathrm{j}}}{\sum mR_{\mathrm{j}}} \qquad (2.22)$$

2.4　主要液压元器件数学模型

2.4.1　电液比例方向阀

电液比例方向阀作为液压放大元件,兼有流量控制和方向控制两种功能,既可以通过调节阀口开度大小实现对流体流量大小的控制,又可以实现流体换向的功能。电液比例方向阀可以分为电液比例方向流量阀和电液比例方向节流阀两种,这种划分方式是根据电液比例方向阀的控制性能进行的。对于前者,与调速阀类似,其输出流量不受负载压力和供油压力变动的影响,输出流量与控制信号成比例[102]。而对于后者,通过该阀的流量与阀的压降有关,阀芯位移与控制信号是成比例的。本书中研究的恒减速制动系统中电液比例方向阀为后者。

位移电反馈式电液比例方向阀的输入与位移传感器测量得到的主阀芯位移形成闭环控制,位移传感器将其检测到的主阀芯位移信号转换为电信号,然后通过与输入的控制信号比较后,传送到比例放大器的输入端[103]。电反馈可以对反馈增益进行调节,并可进行PID 或状态反馈校正,通过这种方式可以改善静态和动态特性。除此之外,上述闭环中还包括滑阀的液动力、比例电磁铁的磁滞效应、摩擦力等干扰。电液比例方向控制阀的原理方框图如图 2.5 所示。

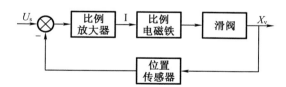

图 2.5　电液比例方向控制阀原理方框图

比例电磁铁是电液比例方向阀的电–机械转换元件,其将由比例控制放大器发出的电信号转换为位移或力。比例电磁铁中线圈电流、电磁吸力和衔铁位移的特性决定着比例电磁铁的动态特性[104]。

线圈电流的动态过程受到衔铁运动速度和线圈动态电感影响,其微分方程可以表示[105]为

$$U_{\mathrm{s}}(t) = L_{\mathrm{d}}\frac{\mathrm{d}i(t)}{\mathrm{d}t} + i(t)R_{\mathrm{s}} + K_{\mathrm{v}}\frac{\mathrm{d}X_{\mathrm{v}}(t)}{\mathrm{d}t} \qquad (2.23)$$

式中　U_{s}——比例电磁铁的输入电压信号,V;

　　　i——比例电磁铁的电流信号,A;

　　　L_d——线圈动态电感,H;

　　　R_s——线圈和放大器内阻,Ω;

　　　K_v——速度反电动势系数,V/(m/s);

　　　X_v——阀芯位移,m。

对式(2.23)进行拉普拉斯变化得

$$U_s(s) = L_d s I(s) + R_s I(s) + K_v s X_v(s) \tag{2.24}$$

当比例电磁铁在线性区工作时,其输出力可用以下公式来近似表示:

$$F_d(t) = K_1 i(t) - K_y X_v(t) \tag{2.25}$$

式中　K_I——比例电磁铁的电流增益,$K_1 = \dfrac{\partial F_d}{\partial i}$,N/A;

　　　K_{sy}——比例电磁铁调零弹簧刚度,N/m;

　　　K_y——比例电磁铁的位移力增益和调零弹簧刚度之和,$K_y = \dfrac{\partial F_d}{\partial y} + K_{sy}$,N/m。

对式(2.25)进行拉普拉斯变化得到

$$F_d(s) = K_I I(s) - K_y X_v(s) \tag{2.26}$$

比例方向阀阀芯的力平衡方程为

$$F_d(t) = m_f \frac{d^2 x_v(t)}{dt^2} + C_f \frac{dx_v(t)}{dt} + K_{fy} P_f x_v(t) \tag{2.27}$$

式中　m_f——滑阀组件质量,kg;

　　　$x_v(t)$——滑阀位移,m;

　　　C_f——滑阀芯的动态阻尼系数,N/m;

　　　P_f——滑阀的控制油压力,Pa;

　　　K_{fy}——与P_f有关的液动力的等效刚度,N/m。

对式(2.27)进行拉普拉斯变化得

$$F_d(s) = m_f s^2 X_v(s) + c_f s X_v(s) + K_f y P_f X_v(s) \tag{2.28}$$

由式(2.24)、式(2.26)和式(2.28)得到以比例放大器的控制电压为输入,比例方向阀阀芯的位移为输出的传递框图函数,如图2.6所示。

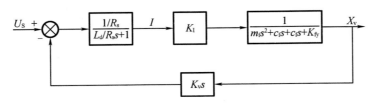

图2.6　滑阀的传递函数方框图

根据图2.6可得出比例方向阀阀芯的传递函数为

$$\frac{X_v(s)}{U_s} = \frac{\dfrac{K_1}{R_s}\dfrac{1}{K_{fy}P_f+K_y}}{\left(\dfrac{s}{\omega_e}+1\right)\left(\dfrac{s^2}{\omega^2_m}+\dfrac{2\xi_m}{\omega_m}+1\right)+\dfrac{K_1}{R_s}\dfrac{1}{K_{fy}P_f+K_y}K_v s} \tag{2.29}$$

式中　ω_e——控制线圈的转折频率，$\omega_e=\dfrac{R_s}{L_d}$，rad/s；

ξ_m——衔铁阀芯的无因次阻尼比，$\xi_m=\dfrac{c_f}{2}\sqrt{\dfrac{1}{m_f(K_{fy}P_f+K_y)}}$；

ω_m——衔铁阀芯组件的固有频率，$\omega_m=\sqrt{\dfrac{K_{fy}P_f+K_y}{m_f}}$，rad/s。

由于电磁铁控制线圈的转折频率比铁阀芯组件的固有频率高，因此，比例方向阀阀芯的位移可以简化为二阶环节：

$$\frac{X_v(s)}{U_s} = \frac{K_b}{\dfrac{s^2}{\omega^2_{mf}}+\dfrac{2\xi_{mf}}{\omega_{mf}}s+1} \tag{2.30}$$

式中　K_b——比例方向阀增益，$K_b=\dfrac{1}{K_y+K_{yf}P_f}$，m/V；

ω_{mf}——比例方向阀固有频率，$\omega_{mf}=\sqrt{\dfrac{1}{m_f K_b}}$，rad/s；

ξ_{mf}——比例方向阀的阻尼比，$\xi_{mf}=\dfrac{c_f+K_b}{2}\sqrt{\dfrac{K_b}{m_f}}$。

通常可以把位移传感器当作比例环节，其传递函数为

$$\frac{U_f(s)}{X_v(s)} = K_0 \tag{2.31}$$

式中　U_f——位移传感器输出经过 A/D 转化后的电压，V；

X_v——滑阀位移，m。

在检测低频响应的元件，如滑阀、液压缸时，由于与低频响应元件的固有频率相比，比例放大器和比例电磁铁的线圈的固有频率相对较高，其对系统特性产生的影响相对很小，因而在工程的实际中可忽略比例放大器和比例电磁铁的一阶滞后特性。在低频工作区域，比例放大器和比例电磁铁的线圈常常被看作一个比例环节，其等效环节为

$$\frac{U_s(s)}{U_i} = K_e \tag{2.32}$$

式中　K_e——电压放大系数。

综上，电液比例方向阀的传递函数框图如图 2.7 所示。

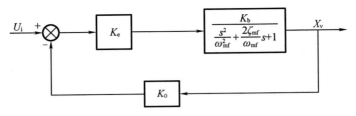

图 2.7 电液比例方向阀的传递函数方框图

根据电液比例方向阀的传递函数方框图可得其传递函数为

$$\frac{X_v}{U_i} = \frac{K_e K_d}{\left(\dfrac{s^2}{\omega_{mf}^2} + \dfrac{2\xi_{mf}}{\omega_{mf}}s + 1\right) + K_e K_d K_0} \tag{2.33}$$

电液比例方向阀的传递函数的形式还取决于阀控液压缸的液压固有频率的大小。

当电液比例方向阀的频宽与阀控液压缸的液压固有频率接近时，$\dfrac{1}{K_e K_d K_0} \ll 1$，电液比例方向阀可近似看成二阶振荡环节：

$$\frac{X_v}{U_i} = \frac{K_{sv}}{\dfrac{s^2}{\omega_{sv}^2} + \dfrac{2\xi_{sv}}{\omega_{sv}}s + 1} \tag{2.34}$$

式中　K_{sv}——电液比例方向阀的比例增益，$K_{sv} = \dfrac{K_d K_e}{K_e K_d K_0}$，m／V；

　　　w_{sv}——电液比例方向阀的固有频率，rad／s；

　　　ξ_{sv}——电液比例方向阀的阻尼比。

进一步，当电液比例方向阀频宽大于阀控液压缸的液压固有频率的 3~5 倍和 5~10 倍时，电液比例方向阀可近似看成惯性环节和比例环节。

当电磁比例方向阀未通电时，阀芯处于中位，此时阀芯的四个台肩将油流通道遮盖封住，所有油路处于封闭状态。当电磁阀的电磁线圈得电后，阀芯开始移动，此过程中台肩与油流通道间的开口变大，其油流通道面积也随之变大，压力和流量随阀芯位移发生变化。

对于四通比例方向阀，其每个阀口均可被当作可变非线性阻尼器，由阀芯位移引起的开口量 x 可对其阻尼进行调节。对于滑阀式方向阀，设滑阀从阀体中位移动值为 x、阀口的压力降为 Δp，则通过阀口的流量为

$$Q = Kx\sqrt{\Delta p} \tag{2.35}$$

式中　K——阀口的综合系数，m⁴／（N·s）。

对于正遮盖的 H 型比例方向阀，设四个阀口的综合系数分别为 K_{21}、K_{13}、K_{24}、K_{34}，阀芯的遮盖量均为 x_0，则根据式（2.35）可推导出四个阀口的流量方程分别为

$$
\begin{cases}
Q_1 = K_{21} \begin{cases} (x-x_0)\sqrt{|p_2-p_1|} \\ 0 \end{cases} - K_{13} \begin{cases} (x-x_0)\sqrt{|p_1-p_3|} & (x-x_0)>0 \\ 0 & \text{其他} \end{cases} \\[3mm]
Q_2 = K_{21} \begin{cases} (x-x_0)\sqrt{|p_2-p_1|} \\ 0 \end{cases} - K_{24} \begin{cases} (x-x_0)\sqrt{|p_4-p_2|} & (x-x_0)>0 \\ 0 & \text{其他} \end{cases} \\[3mm]
Q_3 = K_{34} \begin{cases} (x-x_0)\sqrt{|p_3-p_4|} \\ 0 \end{cases} - K_{13} \begin{cases} (x-x_0)\sqrt{|p_1-p_3|} & (x-x_0)>0 \\ 0 & \text{其他} \end{cases} \\[3mm]
Q_4 = K_{34} \begin{cases} (x-x_0)\sqrt{|p_3-p_4|} \\ 0 \end{cases} - K_{24} \begin{cases} (x-x_0)\sqrt{|p_4-p_2|} & (x-x_0)>0 \\ 0 & \text{其他} \end{cases}
\end{cases}
\tag{2.36}
$$

2.4.2　液压管路数学模型

液压制动系统在恒减速安全制动时,需要根据实际测量到的减速度(速度)大小来调节制动器内的油压,调节油压的方式是向制动器内供油或从制动器排油,这样就会导致管路内流体频繁换向流动,管路的动态特性就会对恒减速制动效果产生影响,因此有必要研究管路的动态特性。

当管内传递一个瞬变或脉冲压力信号时,可能会引起如下现象:信号的时延、信号幅值放大或衰减、随频率增加的相移等[106]。究其原因,主要是管道分布参数效应造成的[107-110]。管道中油的摩擦力、质量和可压缩性等因素是沿管道分布的,对于这种分布参数情况,需要使用管路的分布参数模型进行描述[111-112]。

在刚性、圆形,光滑传输管道内,设 $P_0(s)$、$Q_0(s)$ 和 $P_1(s)$、$Q_1(s)$ 分别为管道入口、出口压力和流量,则可压缩黏性流体与流体压力及流量的分布参数模型为

$$
\begin{bmatrix} P_0(s) \\ Q_0(s) \end{bmatrix} =
\begin{bmatrix} \mathrm{ch}\,\Gamma(s) & Z_c(s)\,\mathrm{sh}\,\Gamma(s) \\ Z_c(s)^{-1}\,\mathrm{sh}\,\Gamma(s) & \mathrm{ch}\,\Gamma(s) \end{bmatrix}
\begin{bmatrix} P_1(s) \\ Q_1(s) \end{bmatrix}
\tag{2.37}
$$

式中　$\Gamma(s)$——传播算子,$\Gamma(s)=\gamma(s)l$;

　　　　$Z_c(s)$——特征阻抗,$Z_c(s)=\sqrt{\dfrac{Z(s)}{Y(s)}}$;

其中　$\gamma(s)$——传播常数,$\gamma(s)=\sqrt{Z(s)Y(s)}$;

　　　　$Z(s)$——串联阻抗;

　　　　$Y(s)$——并联导纳。

在流体管道分布参数模型中,管道的几何参数及其中流体的参数决定串联阻抗和并联导纳。管道的频率特性主要是分析串联阻抗 $Z(s)$ 和并联导纳 $Y(s)$。学者们已推导出三种频率模型,分别为无损模型、线性摩擦模型和耗散模型,这三种模型的区别主要是在计算过程中是否考虑流体的黏性和热传递效应。对于无损模型,计算时仅考虑了流体的惯性和弹性作用;对于线性摩擦模型,计算时不考虑热传递效应,与无损模型相比只增加了与平均瞬态速度成正比的黏性摩擦损失项;对于耗散模型,即分布摩擦模型,它同时考虑了流体的热

传递和黏性效应,被看作是分析流体管道的精确模型。三种模型的串联阻抗 $Z(s)$ 和并联导纳 $Y(s)$ 数学表达式分别如下:

无损模型 $Z(s) = \left(\dfrac{\rho}{A}\right)s$, $Y(s) = \left(\dfrac{A}{\rho\alpha^2}\right)s$;

线性摩擦模型 $Z(s) = \dfrac{\rho}{A}\left(s + \dfrac{8\pi\mu}{A}\right)$, $Y(s) = \left(\dfrac{A}{\rho\alpha^2}\right)s$;

耗散模型 $Z(s) = \dfrac{\rho}{A}s\left[1 - \dfrac{2J_1(jr\sqrt{s/v})}{jr\sqrt{s/v}\,J_0(jr\sqrt{s/v})}\right] - 1$, $Y(s) = \left(\dfrac{A}{\rho\alpha^2}\right)s$。

式中　ρ——流体密度,kg/m^3;

　　　μ——流体速度,m/s;

　　　r——管道内径,m;

　　　J_0——第一类第 i 阶贝赛尔函数;

　　　A——管道横截面积,m^2;

　　　α——波传播速度,m/s;

　　　v——运动黏度,N/(m/s)。

尽管耗散模型计算精确,但是其串联阻抗中含有贝赛尔函数[113-114],且在管路的数学模型中,其传递矩阵各元素还含有复变量的双曲函数。综合考虑,本书选择了相对简单且精度很高的 Tirkha 一阶惯性的近似模型[115],用它来近似计算串联阻抗,根据 Oldenburger 提出的双曲函数无穷乘积级数展开这一近似算法,计算该双曲函数。实践证明,这种模型可以在简化计算的同时也能够保证计算的精度。

(1) Tirkha 一阶惯性的近似模型

在耗散模型的串联阻抗数学表达式中,令

$$N(s) = \left[1 - \frac{2J_1(j\lambda)}{j\lambda J_0(j\lambda)}\right]^{-1} \approx 1 + \frac{8}{\lambda^2} + \frac{4v}{r^2}\sum_{i=1}^{3}\frac{m_i}{s + n_i v/r^2}$$

式中,$\lambda = r\sqrt{s/v}$。

再令 $s^* = \lambda^2$ 可以得到

$$N(s) \approx 1 + \frac{8}{s^*} + 4\sum_{i=1}^{3}\frac{m_i}{s^* + n_i}$$

$m_1 = 62.98$, $m_2 = 9.85$, $m_3 = 2.5$, $n_1 = 10\ 108.2$, $n_2 = 568$, $n_3 = 44.45$。

那么,液压管道分布参数模型中的串联阻抗简化为

$$Z(s) = \frac{\rho}{A}s[N(s)] = \frac{\rho}{A}s\left(1 + \frac{8}{s^*} + 4\sum_{i=1}^{3}\frac{m_i}{s^* + n_i}\right) \tag{2.38}$$

(2) 双曲函数的无穷乘积级数展开

双曲函数的无穷乘积级数展开是由 Oldenburger 率先提出的,可将双曲函数展开为如下形式:

$$\mathrm{ch}\Gamma = \prod_{i=1}^{\infty}\left\{1 - \frac{\Gamma^2}{\pi^2(i-1/2)^2}\right\} \tag{2.39}$$

$$\mathrm{sh}\Gamma = \Gamma * \prod_{i=1}^{\infty}\left\{1 + \frac{\Gamma^2}{\pi^2 i^2}\right\} \tag{2.40}$$

双曲函数展成无穷乘积后,收敛速度快而且不存在发散问题。在一般的工程应用中,仅利用较少的项数就能满足精度要求。

（3）数学模型中传递矩阵基本元素的近似

根据 Tirkha 一阶惯性的近似模型,且利用 Oldenburger 近似算法将双曲函数级数展开,得到管道传递矩阵基本元素的近似表达式[116]为

$$\mathrm{ch}\Gamma = \prod_{\iota=1}^{n}\left(\frac{s^{*2}}{\omega_{n\iota}^2} + \frac{2\xi_{n\iota}}{\omega_{n\iota}}s^* + 1\right) \tag{2.41}$$

$$\frac{1}{Z_c}\mathrm{sh}\Gamma \approx \frac{D_n s^*}{Z_0}\prod_{\iota=1}^{\infty}\left(\frac{s^{*2}}{\omega_{n\iota}^2} + \frac{2\xi_{n\iota}}{\omega_{n\iota}}s^* + 1\right) \tag{2.42}$$

$$Z_x\mathrm{sh}\Gamma \approx Z_0 D_n\left[\frac{\left(1 + \frac{s^*}{u_1}\right)\left(1 + \frac{s^*}{u_2}\right)\cdots\left(1 + \frac{s^*}{u_m}\right)}{\left(1 + \frac{s^*}{p_1}\right)\left(1 + \frac{s^*}{p_2}\right)\cdots\left(1 + \frac{s^*}{p_{m-1}}\right)}\right]\prod_{\iota=1}^{\infty}\left(\frac{s^{*2}}{\omega_{n\iota}^2} + \frac{2\xi_{n\iota}}{\omega_{n\iota}}s^* + 1\right) \tag{2.43}$$

式中　　D_n——无因次耗散数,$D_n = \upsilon L/(a r_0^2)$;

　　　　Z_0——阻抗常数,$Z_0 = \rho a/(\pi r^2)$。

u_i、p_i 的值可查表 2.1;ω_{ni}、ξ_{ni} 的值可查表 2.2。

表 2.1　u_i 和 p_i 取值表

i	u_i	p_i	i	u_i	p_i
1	5.793 2	26.374 3	6	1 597.858	4 618.124
2	30.480 5	72.803 2	7	4 664.976	13 061.11
3	77.601 5	187.424	8	13 681.61	40 082.5
4	196.352	536.625	9	40 220.68	118 153
5	552.437	1 570.602	10	118 390.5	

表 2.2　ω_{ni} 和 ξ_{ni} 取值表

λ_c 或 λ_s	ω_{ni}	ξ_{ni}	λ_c 或 λ_s	ω_{ni}	ξ_{ni}
50	148.729 7	0.063 3	550	1 701.06	0.017 6
100	303.326 4	0.043 3	600	1 857.05	0.016 8
150	456.779 2	0.034 8	650	2 013.195	0.016 1

表 2.2(续)

λ_c 或 λ_s	ω_{ni}	ξ_{ni}	λ_c 或 λ_s	ω_{ni}	ξ_{ni}
200	611. 693 9	0. 029 9	700	2 169. 186	0. 015 5
250	766. 895 2	0. 026 6	750	2 325. 318	0. 015
300	922. 291 5	0. 024 1	800	2 481. 487	0. 014 5
350	1 077. 837	0. 022 3	850	2 637. 689	0. 014
400	1 233. 504	0. 020 8	900	2 793. 922	0. 013 6
450	1 389. 273	0. 019 5	950	2 950. 183	0. 013 3
500	1 545. 13	0. 018 5	1 000	3 106. 471	0. 012 9

2.5 恒减速制动系统建模分析

根据恒减速制动时的工作原理,可以得到提升机制动系统控制原理框图,如图 2.8 所示。

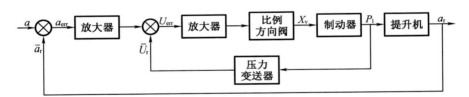

图 2.8 提升机制动系统控制原理框图

2.5.1 比例方向阀建模

根据公式(2.30)可得比例方向阀的电压位移传递函数为

$$\frac{X_v(s)}{U_s} = \frac{K_b}{\dfrac{s^2}{\omega_{mf}^2} + \dfrac{2\xi_{mf}}{\omega_{mf}}s + 1} \qquad (2.44)$$

式中 K_b——电磁比例方向阀的比例增益,m/V;

　　　ω_{mf}——电磁比例方向阀的固有频率,rad/s;

　　　ξ_{mf}——电磁比例方向阀的阻尼比。

2.5.2　比例方向阀控制制动器建模

（1）电磁比例方向阀的线性化流量方程[117]为

$$Q_L = K_{qs} x_v - K_v p_1 \tag{2.45}$$

式中　Q_L——电磁比例方向阀的负载流量，m^3/s；

　　　x_v——电磁比例方向阀的阀芯位移，m；

　　　K_{qs}——电磁比例方向阀的流量–位移增益，m^2/s；

　　　K_v——电磁比例方向阀的流量–压力系数，$m^5/(N \cdot s)$；

　　　p_1——负载压力，Pa。

（2）制动器活塞的受力方程为

$$A_p p_1 = m_t \frac{d^2 x_p}{d^2 t} + B_t \frac{dx_p}{dt} + K_m x_p + K_m x_0 \tag{2.46}$$

式中　A_p——活塞有效工作面积，m^2；

　　　p_1——液压腔压力，Pa；

　　　m_t——活塞驱动的工作部件质量（包括活塞、制动器闸瓦及连接螺栓），kg；

　　　x_p——活塞位移，m；

　　　x_0——弹簧预压缩长度，m；

　　　B_t——黏性阻尼系数，$N/(m/s)$；

　　　K_m——弹簧刚度，N/m。

（3）制动器液压缸内的流量连续方程为

$$Q_L = A_p \frac{dx_p}{dt} + C_i p_1 + \frac{V_t}{\beta_e} \frac{dp_1}{dt} \tag{2.47}$$

式中　C_i——活塞泄漏系数，$m^5/(N \cdot s)$；

　　　V_t——液压缸工作腔和进油管路内的油液体积，m^3；

　　　β_e——油液的体积模量，$N \cdot s^2/m^2$。

对式（2.45）、式（2.46）和式（2.47）取增量并进行拉普拉斯变换，得

$$Q_L = K_{qs} X_v - K_c P_1 \tag{2.48}$$

$$A_p P_1 = (m_t s^2 + B_t s + K_m) X_p \tag{2.49}$$

$$Q_L = A_p X_p s + \left(C_i + \frac{V_t}{\beta_e} s \right) P \tag{2.50}$$

由式（2.48）、式（2.49）和式（2.50）得到如图 2.9 所示的比例方向阀控制制动器传递函数的方框图。

根据框图的运算法则，可以得到以比例方向阀阀芯位移 X_v 为输入，制动器充油腔压力 P_1 为输出的传递函数为

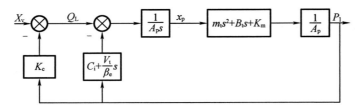

图 2.9 比例方向阀控制制动器传递函数方框图

$$\frac{P_1}{X_v} = \frac{K_{qs}(m_t s^2 + B_t s + K_m)}{\left(K_{ce} + \dfrac{V_t}{4\beta_e}s\right)(m_t s^2 + B_t s + K_m) + A_p{}^2 s}$$

$$= \frac{\dfrac{K_{qs}}{A_p{}^2}(m_t s^2 + B_t s + K_m)}{\dfrac{Vm_t}{4\beta_e A_p{}^2}s^3 + \left(\dfrac{K_{ce}m_t}{A_p{}^2} + \dfrac{B_t V_t}{4\beta_e A_p{}^2}\right)s^2 + \left(1 + \dfrac{B_t K_{ce}}{A_p{}^2} + \dfrac{K_m V_t}{4\beta_e A_p{}^2}\right)s + \dfrac{K_{ce}K_m}{A_p{}^2}}$$

$$\frac{P_1}{X_v} = \frac{K_{qs}(m_t s^2 + B_t s + K_m)}{A_p{}^2 s + (m_t s^2 + B_t s + K_m)\left(K_{ce} + \dfrac{V_t}{\beta_e}s\right)}$$

$$= \frac{K_{qs}(m_t s^2 + B_t s + K_m)}{\dfrac{m_t V_t}{\beta_e}s^3 + \left(m_t K_{ce} + \dfrac{B_t V_t}{\beta_e}\right)s^2 + \left(A_p{}^2 + K_{ce}B_t + \dfrac{K_m V_t}{\beta_e}\right)s + K_m K_{ce}} \qquad (2.51)$$

式中　K_{ce}——总的流量压力系数，$K_{ce} = K_c + C_i$。

　　基于系统满足 $\dfrac{B_t K_{ce}}{A_p{}^2} \ll 1$、$\dfrac{K_m}{K_h} \ll 1$ 和 $\dfrac{B_t V_t K_m K_{ce}}{K_h A_p{}^2} \ll 1$ 这三个条件，因而式（2.51）可简化为

$$\frac{P_1}{X_v} = \frac{\dfrac{K_{qs}}{A_p{}^2}(m_t s^2 + B_t s + K_m)}{\dfrac{m_t V_t}{\beta_e A_p{}^2}s^3 + \left(\dfrac{m_t K_{ce}}{A_p{}^2} + \dfrac{B_t V_t}{\beta_e A_p{}^2}\right)s^2 + \left(1 + \dfrac{K_{ce}B_t}{A_p{}^2} + \dfrac{K_m V_t}{\beta_e A_p{}^2}\right)s + \dfrac{K_m K_{ce}}{A_p{}^2}}$$

$$= \frac{K_{qs}(m_t s^2 + B_t s + K_m)}{\dfrac{m_t V_t}{\beta_e}s^3 + \left(m_t K_{ce} + \dfrac{B_t V_t}{\beta_e}\right)s^2 + A_p{}^2 s + K_m K_{ce}}$$

$$= \frac{\dfrac{K_{qs}}{K_m K_{ce}}(m_t s^2 + B_t s + K_m)}{\dfrac{m_t V_t}{K_m K_{ce}\beta_e}s^3 + \left(\dfrac{m_t}{K_m} + \dfrac{B_t V_t}{K_m K_{ce}\beta_e}\right)s^2 + \dfrac{A_p{}^2}{K_m K_{ce}}s + 1}$$

$$= \frac{\dfrac{K_{qs}}{K_m K_{ce}}(m_t s^2 + B_t s + K_m)}{\dfrac{m_t A_p{}^2}{K_h K_m K_{ce}}s^3 + \left(\dfrac{m_t}{K_m} + \dfrac{B_t V_t A_p{}^2}{K_h K_m K_{ce}}\right)s^2 + \dfrac{A_p{}^2}{K_m K_{ce}}s + 1}$$

$$= \frac{\dfrac{K_{qs}}{K_m K_{ce}}(m_t s^2 + B_t s + K_m)}{\dfrac{s^3}{\omega_r \omega_h^2} + \left(\dfrac{m_t}{K_m} + \dfrac{B_t V_t A_p^2}{K_h K_m K_{ce}}\right) s^2 + \dfrac{A_p^2}{K_m K_{ce}} s + 1} = \frac{\dfrac{K_{qs}}{K_m K_{ce}}(m_t s^2 + B_t s + K_m)}{\left(\dfrac{s}{\omega_r} + 1\right)\left(\dfrac{1}{\omega_h^2} s^2 + \dfrac{2\xi_h}{\omega_h^2} s + 1\right)} \tag{2.52}$$

式中　ω_r——惯性环节转折频率，$\omega_r = \dfrac{K_m K_{ce}}{A_p^2}$，rad/s；

　　　ω_h——阀控缸的固有频率，$\omega_h = \sqrt{\dfrac{K_h}{m_t}}$，rad/s；

　　　K_h——液压缸的液压弹簧刚度，$K_h = \dfrac{\beta_e A_p^2}{V_t}$，N/m；

　　　ξ_h——阀控缸的阻尼比，$\xi_h = \dfrac{B_t V_t}{2\sqrt{K_h m_t}}$。

2.5.3　提升机减速度建模

对式(2.22)取增量并进行拉普拉斯变换，得

$$\frac{a}{P_1} = \frac{-A_p \mu R_z}{\sum m R_j} \tag{2.53}$$

2.5.4　变送器及放大器建模

以制动器压力 P_1 为输入、压力比较器反馈电压 U_r 为输出的传递函数为比例环节，即

$$\frac{U_r}{P_1} = K_p \tag{2.54}$$

以减速度偏差 a_{err} 为输入、控制电压 U_e 为输出的放大器可视为比例环节，即

$$\frac{U_e}{a_{err}} = K_b \tag{2.55}$$

以电压偏差 U_{err} 为输入、控制电压 U_i 输出的放大器可视为比例环节，即

$$\frac{U_i}{U_{err}} = K_e \tag{2.56}$$

综上所述，提升机制动系统传递函数框图如图 2.10 所示。

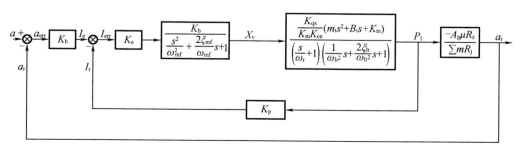

图 2.10　提升机制动系统传递函数框图

2.6 仿 真 实 验

2.6.1 仿真模型搭建

从提升机制动系统的传递函数框图可以看出,制动系统是 0 型系统。0 型系统不能跟随斜坡信号,其单位阶跃信号输入时,系统存在稳态偏差,此类系统一般需要 PI 或 PID 校正,本书采用双 PID 控制方法。在 Simulink 中搭建仿真模型时需注意,因为加速度均为负值,因此平台搭建时应注意正负号,另外,所有放大器均与相邻的 PID 控制器合并为一个模块。搭建好的仿真模型如图 2.11 所示。

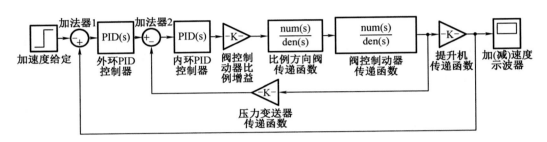

图 2.11 提升机制动系统仿真模型

2.6.2 参数的选择

仿真模型中各参数的计算过程从略,表 2.3 给出了各参数的值。

表 2.3 仿真中各参数值

序号	名称	单位	数量	序号	名称	单位	数量
1	K_{qs}	m³/(mA·s)	$8.34×10^{-5}$	12	ξ_h	—	0.048 8
2	K_v	m³/(Pa·s)	$1.3×10^{-9}$	13	ω_{sv}	rad/s	753.6
3	K_{ce}	m³/(Pa·s)	$4.5×10^{-13}$	14	ξ_{sv}	—	0.63
4	β_e	Pa	$1.60×10^9$	15	K_{sv}	m/mA	0.001
5	A_p	m²	0.269 44	16	m	kg	28 000
6	B_t	N·s/m	0.45	17	R_j	m	4.54
7	K_m	N/m	$3.3×10^8$	18	R_z	m	2.45
8	V_t	m³	0.002 5	19	μ		0.3
9	m_t	kg	160	20	k		1.15

表 2.3(续)

序号	名称	单位	数量	序号	名称	单位	数量
10	ω_r	rad/s	5.918	21	Σm	kg	238 863.56
11	ω_h	rad/s	34 081.76				

2.6.3　恒减速度仿真

设定减速度为 3.5 m/s²,仿真结果如图 2.12 所示,从图中可以看出,双 PID 控制系统满足紧急制动时减速度的控制要求。

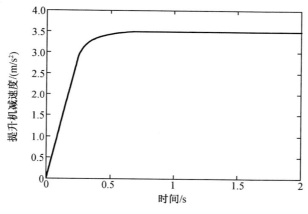

图 2.12　仿真的制动减速度

2.7　本 章 小 结

本章阐述了提升机制动系统的功能、结构和工作原理,简要介绍了《煤矿安全规程》对制动装置的要求,介绍了提升机的紧急制动方式和 E141 型恒减速制动系统的工作原理;对制动器及提升机恒减速制动进行了动力学分析,建立了制动器的状态方程,得到了提升机的减速度计算数学模型;对恒减速制动系统的核心液压元件电磁比例方向阀进行了力学分析,列写了流量平衡方程和力平衡方程,得到了电液比例方向阀的电压与位移的传递函数;分析了管路的分布参数模型,并对其分析简化,得到了精度高且计算复杂度相对低的管路数学模型。建立了提升机恒减速制动的传递函数,并采用双 PID 对系统进行校正。

本章的理论分析及建立的各元器件数学模型,为下一章仿真建模提供了理论依据。

第3章 提升机制动系统仿真平台搭建及性能退化仿真

上一章对制动系统的主要部件进行了动力学分析,并得到了其数学模型,本章在上一章理论分析的基础上,以 JKMD4.5×4 型矿井提升机及其配套的 E141A 型恒减速制动系统为研究对象,建立制动系统恒减速制动的仿真平台。由于 Matlab/Simulink 仿真平台各参数意义明确,便于研究各元器件对制动系统的影响,因此,本章用 Matlab/Simulink 建立了恒减速制动系统的仿真平台,并理论验证仿真平台的可靠性;最后利用仿真平台模拟了弹簧刚度减小、闸瓦摩擦因数下降、液压油中进入空气等制动系统典型性能退化。

3.1 基于 Simulink 的恒减速制动系统仿真平台

搭建制动系统的仿真平台,首先要建立各个元件的数学模型,进而在一定的软件开发环境下建立系统的仿真平台,然后进行仿真。本节基于节点容腔法的建模思想建立恒减速制动系统的仿真平台,首先根据第 2 章建立的数学方程以及各液压元件的工作机理,基于 Simulink 提供的基本模块,建立各元件的仿真模型,由于制动系统较为复杂,含有的元件数量较多,因此需要将各元件封装以简化系统的仿真界面,这有利于错误的排查和元件参数的设定;利用封装好的元件构建仿真的模型库,最后利用建好的模型库,按照制动系统运行规则把各元件连接起来,就得到了恒减速制动系统的仿真平台[110]。

由于液体的分布特性和制动系统中存在的固有非线性,要精确地分析制动系统的动态特性通常是不可行的,然而,对于仿真分析来说,仅要求在一定的精度下完成其功能,因此在仿真前可以对系统进行合理的假设以简化计算[118]。根据制动系统工作原理,制动系统的主要功能是停车制动和安全制动,因此本书在制动系统仿真研究时仅考虑制动过程。制动系统中参与制动过程的元器件主要包括电磁换向阀、溢流阀、电磁比例方向阀、蓄能器、滤油器、管路和制动器,该系统假设[119]:

(1)电磁比例方向阀为正遮盖四边滑阀,节流窗口完全对称。

(2)电磁比例方向阀具有理想的响应能力,即阀芯位移和负载压力变化会立即引起流量的相应变化。

(3)滤油器的液阻可以忽略。

(4)蓄能器作定压源考虑。

(5)电磁换向阀得到换向指令立即完成换向动作,仅起到开关的作用,仿真中用转换模块替代。

（6）在管道和液压缸腔内不会出现饱和或空穴现象。

3.1.1　液压容腔的仿真建模

液压容腔是指液压系统中由液压缸的工作腔和管壁、阀口等界面包围形成的一个封闭容腔。液压容腔内的压力处处等同,在液压系统的动态工作过程中,容腔内的压力变化是由流入和流出该封闭容腔流量与液体的压缩性共同引起的[120]。设某封闭容腔在瞬态时刻流入的流量为 Q_{in},流出流量为 Q_{out},则容腔内压力的变化规律为

$$p = \frac{E_0}{V} \int \sum Q \mathrm{d}t + p_0 \tag{3.1}$$

或写为

$$\dot{p} = \frac{E_0}{\sum V}(Q_{in} - Q_{out}) \tag{3.2}$$

式中　V——封闭容腔体积,m^3;

　　　$\sum Q$——封闭容腔流量的总和,$\sum Q = Q_{in} - Q_{out}$,$\mathrm{m}^3/\mathrm{s}$;

　　　E_0——油液体积弹性模量,N/m^2;

　　　p_0——初始压力,Pa。

根据以上分析,容腔模块的建立需要考虑容腔的体积和油液体积弹性模量的变化。

（1）容腔容积在系统运行中的变化

容腔的容积可能因系统的运行而产生一些改变,例如,当容腔与液压缸相连时,由于活塞杆的运动会引起相应容腔体积发生变化,因此,在建模时把容腔的体积 V 扩展为两项:一是系统运行前的容腔容积,称为初始容积 V_0,二是由于液压元件运动所产生的容积变化量 ΔV,即

$$V = V_0 + \Delta V \tag{3.3}$$

（2）油液体积弹性模量的修正

当油液处于低压时,其体积弹性模量会随着压力的下降而急剧下降,计算时需要考虑这种低压特性对液压容腔体积的影响,因此需将油液弹性模量加以修正,修正遵循以下方程:

$$E_p = E_0(1 - a \cdot \mathrm{e}^{-(0.4 + p \times 2 \times 10^{-7})}) \tag{3.4}$$

综合考虑以上两个因素,得到液压容腔的数学模型:

$$p = \frac{E_0(1 - a \cdot \mathrm{e}^{-(0.4 + p \times 2 \times 10^{-7})})}{V_0 + \Delta V} \sum Q + p_0 \tag{3.5}$$

式中　a——压力修正因子,$a = 1$ 时进行压力修正,$a = 0$ 时不进行压力修正;

　　　V_0——容腔的初始容积,N/m;

　　　ΔV——容腔容积的变化量,N/m;

E_p——修正后的油液体积弹性模量,N/m^2。

根据式(3.5),用 Simulink 建立的液压容腔的仿真模型如图 3.1 所示。

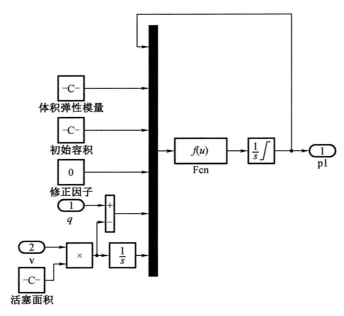

图 3.1   液压容腔仿真模型

3.1.2   液压管路数学模型

液压管路是液压系统中的一种辅助元件,其作用是将各液压元件连接起来,从而构成液压系统的各种回路。根据本书第 2 章中的叙述,管道中油的质量、摩擦力及可压缩性等因素均是沿管道分布的,因此对于长管道,高频扰动,必须采用分布参数法才符合实际情况。根据第 2 章中所得到的管道分布参数模型式(2.37),以及其传递矩阵近似表示方法,将液压管道分布参数模型变换成一个以管路两端的压力为输入、流量为输出的两输入端口两输出端口的液压元件。应当指出,无论哪种管道动态特性的基本方程都是近似的,实际系统中很多参数都难以确定[121],因此在求取各传递矩阵近似值时,还需要根据仿真的实际情况适当调整,才能取得满意的仿真结果。在 Simulink 中,建立的管道分布参数仿真模型如图 3.2 所示。

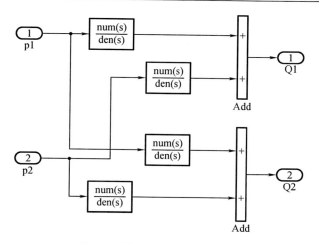

图 3.2　管道分布参数仿真模型

3.1.3　溢流阀的仿真建模

溢流阀的作用是通过阀口的溢流,使被控制系统或回路压力保持恒定,实现稳压、调压或限压。本系统选用直控式溢流阀,直控式溢流阀动态响应很快,因此研究系统的动态特性时,忽略其内部的动态流量变化,则溢流阀的溢流量将由其阀口的流量-压力特性决定,根据常用的节流口流量公式可得

$$q = \begin{cases} C_d \omega x \sqrt{\dfrac{2}{\rho}(p-p_y)} = B_d\sqrt{p-p_y} & p > p_c \\ 0 & 其他 \end{cases} \tag{3.6}$$

式中　p——节点处压力,Pa;

$\quad\quad p_c$——溢流阀的开启压力,Pa;

$\quad\quad p_y$——溢流阀出口压力,Pa;

$\quad\quad \omega$——阀口面积梯度,m;

$\quad\quad x$——阀芯位移,m;

$\quad\quad k_s$——弹簧刚度,N/m;

$\quad\quad C_d$——流量系数;

$\quad\quad B_d$——流量综合系数,$B_d = C_d \omega x \sqrt{\dfrac{2}{\rho}}$。

在 Simulink 中,以溢流阀所处系统的压力、溢流阀的开启压力以及溢流阀的出口压力为输入,溢流阀的溢流量为输出得出的仿真模型如图 3.3 所示。

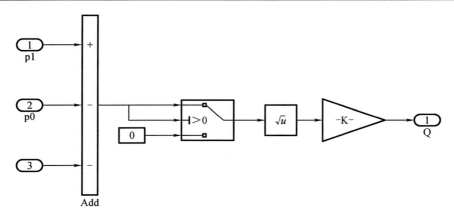

图 3.3 溢流阀仿真模型

3.1.4 提升系统恒减速制动时的仿真模型

制动器是典型的机液耦合元件,其作用是用液压能调整机械能。根据第 2 章建立的状态方程式(2.11)对其进行仿真建模时,还需要考虑活塞杆和制动闸瓦运动的极限问题。采用接触变形模型,设制动闸瓦的材料变形刚度 K_Z 很大,将接触限位用一个弹簧力来等效[122],得到闸瓦压力 F_Z 的表达式为

$$F_Z = \begin{cases} K_Z(x_1 - \delta) & x > \delta \\ 0 & x \leqslant \delta \end{cases} \qquad (3.7)$$

式中 K_Z——闸瓦刚度,N/m;

δ——制动器开闸间隙,m。

用 Simulink 建立闸瓦压力模型,作为一个子模块(图 3.4),然后根据式(2.11)建立的制动器模型如图 3.5 所示。

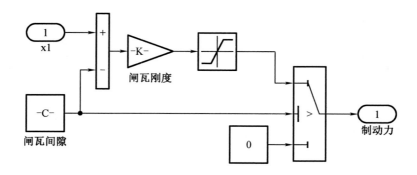

图 3.4 闸瓦压力仿真模型

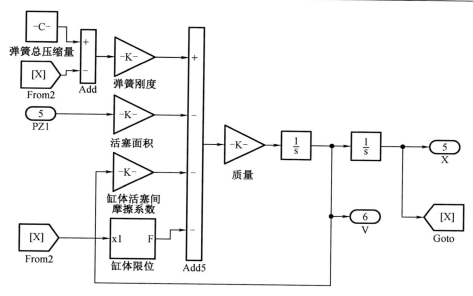

图 3.5　制动器仿真模型

提升机恒减速制动时,根据提升机重载侧的运行方向,可以分为上提制动和下行制动。本书建立提升机重载提升时的仿真模型,根据第 2 章建立的制动系统减速度数学模型式(2.22):

$$a = \frac{(K_{m}x_{0} - P_{l}A_{p})\mu R_{z} \pm kmgR_{j}}{\sum m \cdot R_{j}}$$

用 Simulink 建立提升机重载提升制动时的仿真模型如图 3.6 所示。

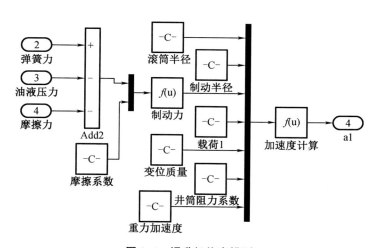

图 3.6　提升机仿真模型

综上所述,把制动器与提升机的仿真模型耦合在一起得到提升系统的仿真模型如图 3.7 所示。

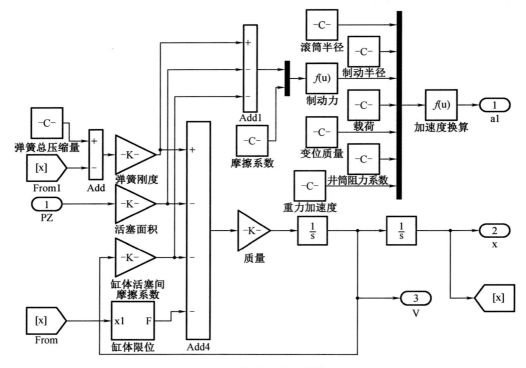

图 3.7　提升系统仿真模型

3.1.5　电液比例方向阀仿真模型

根据第 2 章得到的以控制电压为输入、阀芯位移为输出的电液比例方向阀传递函数式（2.33），基于 Simulink 平台建立起电压–位移的动态特性仿真模型如图 3.8 所示。

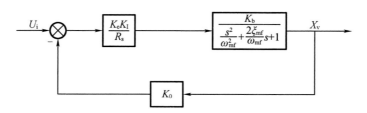

图 3.8　电压–位移特性仿真模型

E141A 型恒减速制动系统的电磁比例方向阀选用意大利 ATOS 公司的 DKZO-TES-PS-071-L5 型直动式数字型比例阀，此阀配 LVDT 位置传感器、集成电子放大器，并采用正遮盖阀芯，在换向控制中可以实现快速的动态响应。输入的位移控制信号与 LVDT 位置传感器检测到的主阀芯位移信号形成闭环控制，可以实现阀芯位移的精确调节和可靠控制[123]。当电磁比例方向阀未接通电源时，阀芯处于中位，此时阀芯的台肩将油流通道完全遮盖住，所有油流通道均处于切断状态；当电磁阀得到控制电信号使一侧线圈得电时，阀芯向另外一侧移动，此过程中台肩与油流通道之间逐步由正遮盖变成节流开口量，其节流窗口的过流面积随开口量的变大而变大,压力和流量也随之不断发生变化,对于 DKZO-TES-PS-071-L5 型三位四通比例方向阀,根据第 2 章公式(2.35),结合电磁比例方向阀电压-位移仿真模型,在 Simulink 平台上建立的阀口 1 的动态特性仿真模型图如图 3.9 所示。

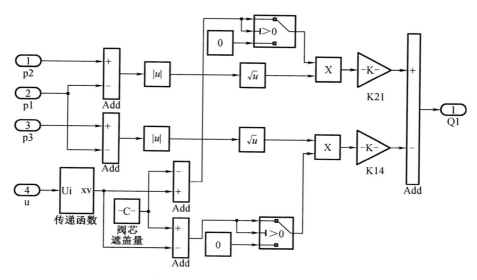

图 3.9　阀口 1 动态特性仿真模型

依照此方法分别建立 2~4 油口的仿真模型,并进行封装得到其子模型,然后根据电磁比例方向阀的工作原理建立其 Simulink 仿真模型如图 3.10 所示。

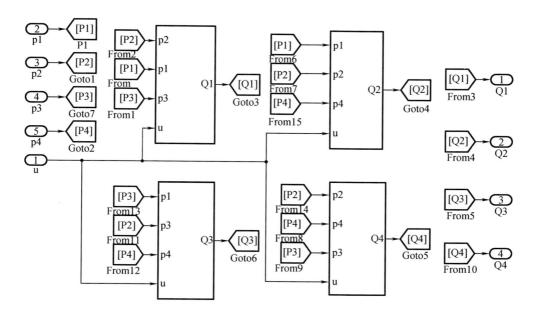

图 3.10　电磁比例方向阀的仿真模型

3.1.6　双闭环 PID 控制器仿真模型

制动系统含有许多非线性和时变性环节:钢丝绳的柔性、闸瓦的磨损、闸瓦摩擦因数因温度升高的改变、井筒风阻、罐道与罐耳间的摩擦阻力、钢丝绳在天轮和摩擦轮上的弯曲阻力、天轮轴卷筒轴承阻力、罐道变形、罐笼偏装、地球旋转、尾绳和提升钢丝绳扭转等因素均会引起制动速度偏离预定速度值。双闭环 PID 控制通过测速编码器将滚筒速度转化为电信号引入控制器中,与系统给定的速度信号形成速度闭环控制,可以提高提升容器速度的控制精度;速度闭环控制的输出与压力传感器构成压力闭环控制,实现制动油压的准确控制,压力闭环的输出就是电液比例方向阀的控制电压,通过控制电液比例方向阀的滑阀位移,实现制动器与制动盘之间的正压力的连续控制,达到恒定减速度的制动的目的。

本书分析时,为提高恒减速度控制的可视化效果,对速度闭环控制的给定减速度和系统实际测量的减速度均做求导处理,变成减速度的闭环控制,即用给定减速度与系统实测减速度值进行闭环控制。减速度和压力双闭环 PID 控制的仿真模型如图 3.11 所示。

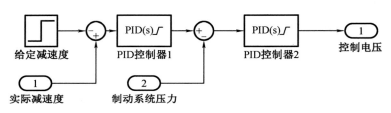

图 3.11　双闭环 PID 控制仿真模型

3.1.7　提升机恒减速制动时的仿真平台

把上几节建好的各元件进行封装,封装后的各元件子模型如图 3.12 所示。

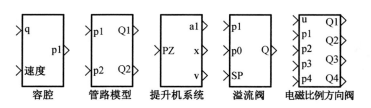

图 3.12　封装后的各元件子模型

把以上封装好的元件模块按照运行规则连接起来,就得到了提升机制动系统恒减速制动时的仿真平台[124],如图 3.13 所示。

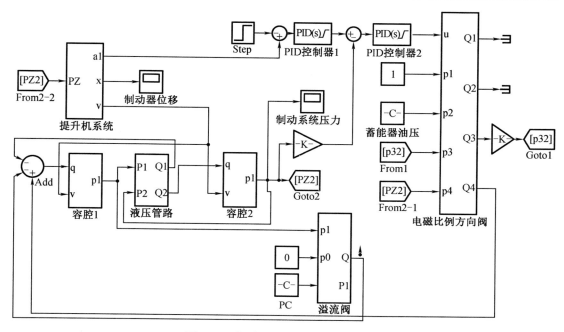

图 3.13　提升机安全制动的仿真平台

3.2　基于 Simulink 仿真平台的恒减速制动仿真

3.2.1　仿真参数确定

本书仿真平台的主要参数根据中信重工生产的 JKMD4.5×4 型矿井提升机及其配套使用 E141A 型恒减速制动系统,仿真平台的主要参数如表 3.1 所示。

表 3.1　仿真平台主要参数

序号	参数名称/单位	参数值	序号	参数名称	参数值
1	额定负载质量/kg	28 000	16	比例方向阀固有频率/(rad/s)	52
2	卷筒直径/m	4.54	17	比例方向阀阻尼比	0.37
3	有效制动半径/m	2.45	18	比例方向阀综合系数	$1.132×10^7$
4	旋转部分变位质量/kg	65 219.56	19	体积腔初始容积/m³	$1.9×10^{-3}$
5	移动部分变位质量/kg	173 644	20	闸瓦刚度/kg	$5×10^{13}$
6	提升机总变位质量/kg	238 863.56	21	液压油弹性模量	$1.6×10^9$
7	制动器对数	16	22	液压油密度/(kg/m³)	870
8	制动油缸面积/cm²	84.2	23	管路直径/m	$2.0×10^{-2}$

表 3.1(续)

序号	参数名称/单位	参数值	序号	参数名称	参数值
9	制动弹簧组刚度/(N·mm^{-1})	10 368	24	管路长度/m	10
10	制动弹簧预压长度/mm	8.38	25	油液中的声速/(m·s^{-1})	1 200
11	闸瓦摩擦因数	0.3	26	溢流阀调定压力/Pa	$9.5×10^{6}$
12	闸瓦及活塞质量/kg	5	27	溢流阀流量系数	$5.89×10^{-4}$
13	闸瓦间隙/mm	2	28	压力变送器系数	$5×10^{-7}$
14	设定减速度/(m·s^{-2})	3.5	29	速度环 P/I/D 参数(初始值)	3.9/5/0.1
15	井筒阻力系数	1.15	30	压力环 P/I/D 参数(初始值)	4.5/0.02/0.03

3.2.2　PID 参数优化

PID 控制是工业上目前应用最广泛的一种控制方法,PID 参数的取值对整个控制系统性能有着很大的影响,为优化 PID 参数,本部分采用 MATLAB 中的 Signal Constraints 工具箱对双 PID 参数进行优化。在对其优化时,把 Signal Constraints 模块连接在外环的反馈回路上,首先对内环参数进行优化,内环参数优化以后再对外环参数进行优化,利用 Signal Constraints 模块对提升机制动系统外环进行优化的 Simulink 仿真图如图 3.14 所示。优化时把所有 PID 参数的取值范围限定在[0,50],P 和 I 的初始值都设置为 1,D 的初始值设置为 0;设置达到稳态值90%的上升时间为 0.2 s,稳态误差为3%,达到稳态值的响应时间为 0.8 s,超调量为5%,振荡幅值为2%,其约束窗口如图 3.15 所示;设定仿真时间为 2 s,提升机减速度为 3.5 m/s^2。

PID 参数优化约束窗口如图 3.15 所示,优化后外环 P、I、D 参数分别为 15,10 和 0.21,内环 P、I、D 参数分别为 0.55,0.001 和 0.01。

3.2.3　仿真平台验证

恒减速制动时制动系统的压力可以根据第 2 章公式(2.22)计算,由公式(2.22)得

$$P_1 = \frac{2Kxn - \dfrac{(\sum ma_3 - kmg)R_J}{\mu R_Z}}{2nA} \tag{3.8}$$

式中,P_1 为制动系统压力,计算时取 $k = 1.15$,将表 3.1 中各参数代入式(3.8),可得

$$P_1 = \frac{2×10\ 368×8.38×16 - \dfrac{(238\ 863.56×3.5 - 1.15×28\ 000×9.81)×2.27}{0.3×2.45}}{16×2×84.2×10^{-4}} ≈ 4.36\ \text{MPa} \tag{3.9}$$

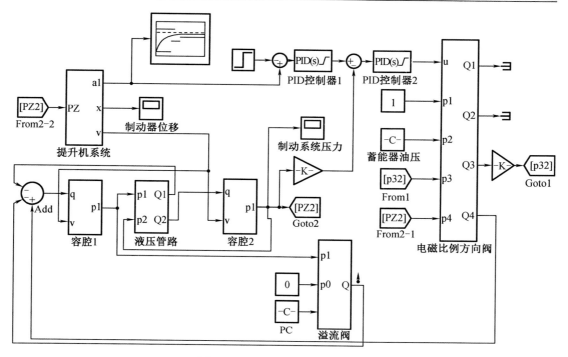

图 3.14　PID 参数优化仿真模型

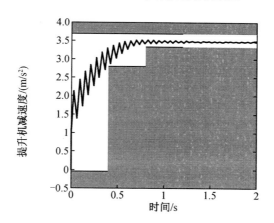

图 3.15　PID 参数优化约束窗口

　　按上节参数在仿真平台中设定后,设置提升机在以 10 m/s 的速度重载提升时实施恒减速制动,制动减速度设置为 3.5 m/s²,在提升机速度降为零时,制动系统全抱闸。仿真得到提升机的速度、减速度以及制动系统压力分别如图 3.16、图 3.17 和图 3.18 所示。

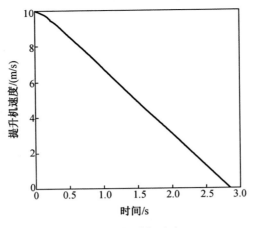

图 3.16 提升机速度

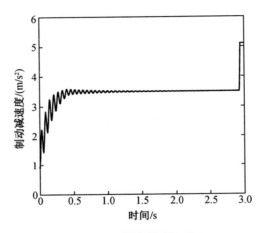

图 3.17 提升机减速度

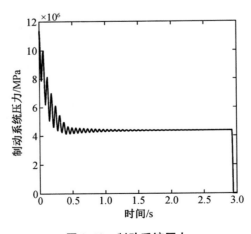

图 3.18 制动系统压力

从图 3.16、图 3.17 和图 3.18 可以看出：

(1)恒减速制动时提升机的运行初速度为 10 m/s，然后慢慢降为 0；恒减速制动初始阶段速度有个缓变过程,然后按一定的减速度减小,直到降为 0,原因是制动器有合闸、施闸和施闸时压力的调节过程,在这个过程中提升机减速度从 0 上升到设定的减速度,然后保持减速度恒定。

(2)随着制动器油腔压力减小,制动器经历合闸和施闸的过程,制动减速度由 0 上升到 3.51 m/s² 左右,稳定一段时间后,在提升机速度为零时实施全抱闸。

(3)仿真得到的制动系统压力由开闸压力 11.5 MPa 下降至 4.35 MPa 附近波动,稳定一段时间后,在提升机速度为零时,压力迅速降至系统残压。

(4)管路的作用,使系统压力存在波动,波动周期为一个压力波在管道内传递一个来回的时间,这个现象和实际压力的测定值波动相符。

(5)恒减速制动阶段制动减速度稳定在 3.51 m/s² 左右,与设定值 3.5 m/s² 接近,符合制动减速度的精度要求;恒减速制动阶段系统压力稳定在 4.35 MPa 左右,与理论计算结果 4.36 MPa 相符,验证了仿真平台的可靠性。

3.2.4　制动系统性能退化时的仿真

提升机投入运行后,制动系统不可避免地出现弹簧刚度减小、制动器与制动盘间摩擦因数变大或变小、液压油中进入空气等性能退化状态,可以通过仿真平台仿真这些性能退化状态,以研究性能退化对制动系统的影响。恒减速制动仿真时,提升机减速度统一设置为 3.5 m/s²。

(1)弹簧刚度减小

弹簧疲劳、制动闸瓦和制动盘之间间隙增大导致合闸时作用在制动盘上的正压力减小,都可以用弹簧刚度减小来仿真。仿真参数设置时,改变弹簧刚度的同时需要改变弹簧的预压力,仿真得到的开闸间隙、制动减速度、制动系统压力结果如图 3.19 所示。

从图 3.19 可以看出,弹簧刚度减小时,制动减速度满足设计要求,制动系统压力逐渐减小,制动器合闸时间逐步加长,减速度建立的时间也逐步变长,开闸间隙逐步增大;随着弹簧刚度进一步减小,开闸间隙会超出《煤矿安全规程》规定的 2 mm,出现开闸间隙变大故障[125]。

在弹簧刚度减小的恒减速制动仿真中发现,弹簧刚度减小时,制动器合闸时间逐步加长,因此有必要对弹簧刚度减小时制动器的卸油过程进行仿真,仿真时与恒减速制动设置同样的弹簧刚度,得到制动器卸油过程的制动系统油压如图 3.20 所示。

从图 3.20 可以看出,随着弹簧刚度的减小,制动器的卸油时间逐步增加;卸油分为两个阶段,第一阶段为合闸过程中在弹簧的推动下回油,第二个阶段为合闸以后自然回油。

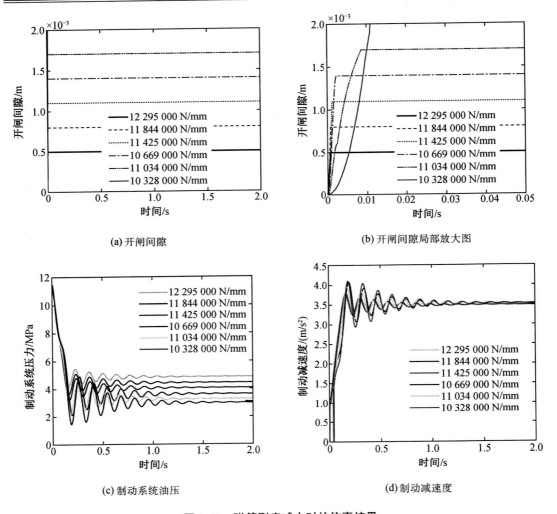

(a) 开闸间隙

(b) 开闸间隙局部放大图

(c) 制动系统油压

(d) 制动减速度

图 3.19　弹簧刚度减小时的仿真结果

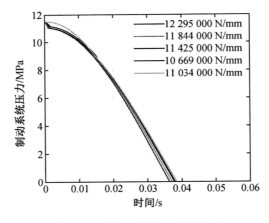

图 3.20　卸油过程制动系统油压

（2）摩擦因数减小

在仿真模型中设置不同摩擦因数模块的值,就可以模拟摩擦因数减小的性能退化。摩擦因数减小时,制动系统油压和制动减速度如图 3.21 所示。

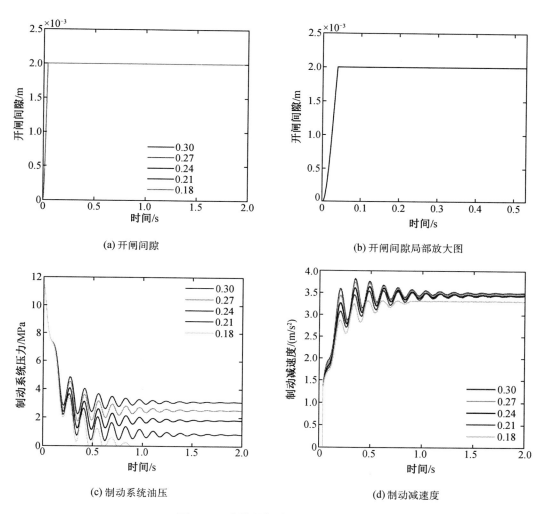

图 3.21　摩擦因数减小时仿真结果

从图 3.21 中可以看出,摩擦因数逐渐减小时,开闸间隙不发生改变,制动系统压力逐渐减小,直至下降到零;摩擦因数减小在一定范围内时,制动减速度可以满足设计要求,但当摩擦因数降低到一定值以后,制动减速度达不到设计要求,系统会出现减速度不符合要求的故障。

（3）液压油中进入空气

液压油中进入空气会导致油液的弹性模量迅速降低,因此,通过改变液压油的弹性模量值对液压油中进入空气进行仿真。油液进入空气时制动系统油压和制动减速度如图3.22 所示。

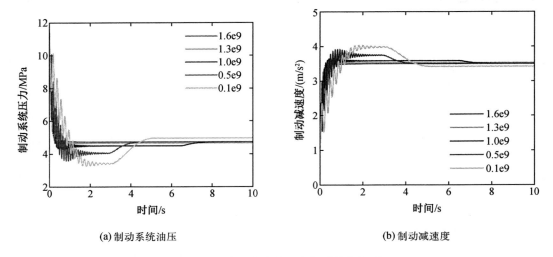

(a) 制动系统油压　　　　　　　　　　(b) 制动减速度

图 3.22　液压油中进入空气时仿真结果

从图 3.22 可以看出,液压油中进入空气后,随着液压油弹性模量减小,减速度超调会慢慢增大,且减速度建立时间慢慢变长,直至不能满足减速度的控制精度要求。

3.3　仿真结果分析

通过对提升机恒减速制动仿真得到以下结论:

(1)主要部件性能下降时,并不会立即引起制动系统故障,而是会引起系统性能退化,这些退化表现为制动系统恒减速制动时系统压力降低、开闸间隙变大、合闸时间变长等;当系统性能退化到一定程度才会出现制动减速度不符合要求、制动器开闸间隙过大、空动时间过长等故障。

(2)从弹簧刚度减小的性能退化仿真可以看出,随着弹簧性能的下降,恒减速制动时制动系统的压力值逐步下降,合闸的时间逐步增长,说明弹簧刚度减小影响制动器的合闸时间,因此,仅根据恒减速制动或制动器合闸过程的压力-时间曲线就可以诊断出弹簧刚度减小或开闸间隙变大等性能退化。

(3)从摩擦因数减小的性能退化仿真可以看出,随着制动盘和摩擦闸皮间摩擦因数的下降,合闸的时间不发生改变,恒减速制动时制动系统的压力值逐渐下降,直至出现制动减速度不符合要求的故障。

本书从制动系统的整体视角考虑性能退化分析和故障诊断,因利用液压系统合闸时的压力-时间数据仅能诊断制动系统部分的性能退化,如弹簧刚度减小、开闸间隙变大等,而利用恒减速制动时的压力-时间曲线可以诊断制动系统更多的故障和性能退化,因此在本书后续的性能退化评估和故障诊断中,均利用恒减速制动时压力-时间曲线的数据。

3.4　本 章 小 结

本章用 Simulink 建立了恒减速制动系统的仿真平台,并用理论计算验证了仿真平台的正确性,通过仿真平台的仿真表明恒减速制动系统在恒减速制动时的压力–时间曲线隐含着丰富的故障信息,可以作为制动系统性能退化与故障的表征参数,以提取特征参数来进行制动系统总体的性能退化评估和故障诊断。本章主要工作:

(1)根据上一章理论分析所建立的数学模型,利用 Matlab/Simulink 仿真平台,基于节点容腔思想建立了提升机在恒减速制动系统的仿真平台,并理论验证了仿真平台的正确性。

(2)利用仿真平台和 Signal Constraints 工具箱对恒减速制动系统的双 PID 参数进行了整定,为工程中的 PID 整定提供了方法。

(3)模拟了制动系统典型的弹簧刚度减小、摩擦因数减小以及液压油中进入空气典型的性能退化;通过性能退化的仿真分析,得到恒减速制动时的压力–时间曲线隐含着丰富的运行状态信息,可以作为制动系统性能退化与故障的表征参数,以提取特征参数来进行制动系统总体的性能退化评估和故障诊断。

第4章 基于 VSFOA-CGWSVDD 的制动系统性能退化评估方法研究

上一章搭建了提升机制动系统的仿真平台,并利用仿真平台模拟了弹簧刚度减小、闸瓦摩擦因数下降、液压油中进入空气等制动系统典型性能退化,通过对典型性能退化的模拟,发现恒减速制动系统在恒减速制动时的压力-时间曲线隐含着丰富的故障信息,可以作为制动系统性能退化与故障的表征参数,以提取特征参数来进行制动系统总体故障诊断以及性能退化评估。本章将利用这些压力-时间数据,提出一种基于特征选取的变步长果蝇优化算法优化复高斯小波核函数支持向量数据描述(VSFOA-CGWSVM)的性能退化评估方法,目的是在设备运行过程中定期检测制动系统的性能退化程度,跟踪早期故障。根据《煤矿安全规程》,把满足规程要求的运行阶段定义为正常或性能退化阶段,不满足要求的阶段定义为故障阶段,本章仅讨论正常或性能退化阶段的性能退化评估。首先,需采集制动系统全生命周期(覆盖全部性能退化阶段)的压力-时间数据,同时还需把这些数据进行预处理,然后进行特征提取和选择,以获取性能退化评估的特征向量;之后利用这些特征向量,构造 VSFOA-CGWSVDD 超球体模型,最后利用 VSFOA-CGWSVDD 模型作为在线监测制动系统性能退化状态的度量标准,把安全制动测试试验采集到的压力-时间数据,经预处理、特征提取以及综合评价选择后,代入 VSFOA-CGWSVDD 模型,即可得到制动系统的性能退化指标。其流程图如图4.1所示。

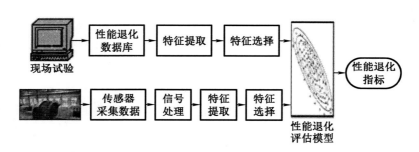

图4.1 制动系统性能退化评估流程图

4.1　特征参数提取与选择

4.1.1　备选特征集合计算

基于统计学理论的时域或频域特征具有物理意义明确、计算简单及实用性强等特点，被广泛应用于各类故障诊断与性能退化评估中。本书选取 29 个特征参数组成性能退化评估研究的备选特征集合，然后通过特征评价选取对性能退化敏感性较高的特征参数组成特征向量进行性能退化评估。这 29 个特征参数分别为有量纲时域指标，包括均值 $\bar{x}$、均方根值 $\bar{x}_x$、几何平均数 x_g、调和平均数 H_n，极差 r，以及一至七阶的中心矩特征 M'_1、M'_2、M'_3、M'_4、M'_5、M'_6、M'_7；无量纲时域指标，包括波形指标 S_f、峰值指标 C_f、峭度指标 K_f、裕度指标 CL_f；三层小波包分解与重构中得到的第三层 8 个归一化子带能量（$E_{3,0}$、$E_{3,1}$、$E_{3,2}$、$E_{3,3}$、$E_{3,4}$、$E_{3,5}$、$E_{3,6}$、$E_{3,7}$）；以及 6 个不同的百分位数，包括 P_{98}、P_{95}、P_{92}、P_{90}、P_{80}、P_{50}。设 X 代表一个 n 维样本向量：$X=[x_1,x_2,\cdots,x_n]$，定义向量 X 的百分位数 p_i 为把向量 X 的 n 个数据按小到大排列，其第 $i\%$ 个数据即为 p_i 的值。其余备选特征指标及其定义如表 4.1 所示。

表 4.1　备选特征指标及其参数定义

特征参数	参数定义	特征参数	参数定义
均值	$\bar{x}=\dfrac{1}{n}\sum\limits_{i=1}^{n}x_i$	均方根值	$\bar{x}_x=\sqrt{\dfrac{1}{n}\sum\limits_{i=1}^{n}x_i^2}$
几何平均数	$x_g=\sqrt[n]{x_1\cdot x_2\cdot\cdots\cdot x_n}$	极差	$r=x_{\max}-x_{\min}$
调和平均数	$H_n=\dfrac{n}{\sum\limits_{i=1}^{n}\dfrac{1}{x_i}}$	波形指标	$S_f=\dfrac{\sqrt{\dfrac{1}{n}\sum\limits_{i=1}^{n}x_i^2}}{|\bar{x}|}$
峰值指标	$C_f=\dfrac{x_{\max}}{\sqrt{\dfrac{1}{n}\sum\limits_{i=1}^{n}x_i^2}}$	$E_{3,0}$	$E_{3,0}=\int_0^{t_1}|x_{3,0}^k(t)|^2\mathrm{d}t=\sum\limits_{k=1}^{m}|x_{3,0}^k|^2$
峭度指标	$K_f=\dfrac{\dfrac{1}{n}\sum\limits_{i=1}^{n}(x_i-\bar{x})^4}{\left[\dfrac{1}{n}\sum\limits_{i=1}^{n}(x_i-\bar{x})^2\right]^2}$	$E_{3,1}$	$E_{3,1}=\int_0^{t_1}|x_{3,1}^k(t)|^2\mathrm{d}t=\sum\limits_{k=1}^{m}|x_{3,1}^k|^2$
裕度指标	$CL_f=\dfrac{x_{\max}}{\left(\dfrac{1}{n}\sum\limits_{i=1}^{n}\sqrt{|x_i-\bar{x}|}\right)^2}$	$E_{3,2}$	$E_{3,2}=\int_{t_1}^{t_2}|x_{3,2}^k(t)|^2\mathrm{d}t=\sum\limits_{k=1}^{m}|x_{3,2}^k|^2$

表 4.1（续）

特征参数	参数定义	特征参数	参数定义
2 阶矩（方差）	$M'_2 = \dfrac{1}{n}\displaystyle\sum_{i=1}^{n}(x_i - \bar{x})^2$	$E_{3,3}$	$E_{3,3} = \displaystyle\int_{t_2}^{t_3} \left\| x_{3,3}^k(t) \right\|^2 \mathrm{d}t = \displaystyle\sum_{k=1}^{m} \left\| x_{3,3}^k \right\|^2$
3 阶矩（偏斜度）	$M'_3 = \dfrac{1}{n}\displaystyle\sum_{i=1}^{n}(x_i - \bar{x})^3$	$E_{3,4}$	$E_{3,4} = \displaystyle\int_{t_3}^{t_4} \left\| x_{3,4}^k(t) \right\|^2 \mathrm{d}t = \displaystyle\sum_{k=1}^{m} \left\| x_{3,4}^k \right\|^2$
4 阶矩（峭度）	$M'_4 = \dfrac{1}{n}\displaystyle\sum_{i=1}^{n}(x_i - \bar{x})^4$	$E_{3,5}$	$E_{3,5} = \displaystyle\int_{t_4}^{t_5} \left\| x_{3,5}^k(t) \right\|^2 \mathrm{d}t = \displaystyle\sum_{k=1}^{m} \left\| x_{3,5}^k \right\|^2$
5 阶矩	$M'_5 = \dfrac{1}{n}\displaystyle\sum_{i=1}^{n}(x_i - \bar{x})^5$	$E_{3,6}$	$E_{3,6} = \displaystyle\int_{t_5}^{t_6} \left\| x_{3,6}^k(t) \right\|^2 \mathrm{d}t = \displaystyle\sum_{k=1}^{m} \left\| x_{3,6}^k \right\|^2$
6 阶矩	$M'_6 = \dfrac{1}{n}\displaystyle\sum_{i=1}^{n}(x_i - \bar{x})^6$	$E_{3,7}$	$E_{3,7} = \displaystyle\int_{t_6}^{t_7} \left\| x_{3,7}^k(t) \right\|^2 \mathrm{d}t = \displaystyle\sum_{k=1}^{m} \left\| x_{3,7}^k \right\|^2$
7 阶矩	$M'_7 = \dfrac{1}{n}\displaystyle\sum_{i=1}^{n}(x_i - \bar{x})^7$		

4.1.2 特征参数评价

为了更好地描述制动系统性能退化，一般而言，理想的性能退化特征参数需具备和同类个体普适性、性能退化一致性和预测性干扰鲁棒性等特点。查阅相关文献，发现目前鲜有提及性能退化特征定量评价指标的研究[59]，基于此，本节提出了一种具有相关性、单调性和预测性三种指标的特征参数的综合评价方法，为了明晰它们各自的概念，下面分别给出相应的定义。

（1）相关性

相关性指标定义为

$$\mathrm{Corr}(x) = \frac{\left| n\displaystyle\sum_{i=1}^{n}x_i t_i - \displaystyle\sum_{i=1}^{n}x_i \displaystyle\sum_{i=1}^{n}t_i \right|}{\sqrt{\left[n\displaystyle\sum_{i=1}^{n}x_i^2 - \left(\displaystyle\sum_{i=1}^{n}x_i\right)^2 \right]\left[n\displaystyle\sum_{i=1}^{n}t_i^2 - \left(\displaystyle\sum_{i=1}^{n}t_i\right)^2 \right]}} \tag{4.1}$$

式中　x——性能退化序列，$x = (x_1, x_2, \cdots, x_n)$；

　　　n——整个性能退化过程中监测次数；

　　　t——性能退化序列的采样时间序列，$t = (t_1, t_2, \cdots, t_n)$。

性能退化特征的相关性指标来源于相关系数的概念，且 $\mathrm{Corr}(x) \in [0,1]$，它反映了性能退化特征序列与时间的线性相关程度，也反映了性能退化特征参数的个体普适性。当某种特征参数的相关性指标值越大时，它与时间的线性相关性也越大，描述性能退化也就越好。

（2）单调性

单调性指标的定义为

$$\text{Mon}(x) = \frac{\left| \sum\limits_{i=1}^{n} \delta(x_i - x_{i-1}) - \sum\limits_{i=1}^{n} \delta(x_{i-1} - x_i) \right|}{n-1} \tag{4.2}$$

式中　x——性能退化序列,$x = (x_1, x_2, \cdots, x_n)$;

　　　　$\delta(x)$——单位阶跃函数,$\delta(x) = \begin{cases} 1 & x \geqslant 0 \\ 0 & x < 0 \end{cases}$。

　　单调性指标描述了特征参数与性能退化的一致性,其值大小取决于单调递减或具有单调递增趋势的整体强度,且 $\text{Mon}(x) \in [0,1]$。某种性能退化特征的单调性指标越接近于 1,则表明随着性能退化的加剧,该种性能退化特征越能表现出很好的单调性趋势,从而也可更好地进行性能退化建模与评估。

　　(3)预测性

　　预测性指标定义为

$$\text{Pre}(x) = \exp\left(-\frac{\sigma(x_{\text{f}})}{|x_1 - x_n|} \right) \tag{4.3}$$

式中　x_1——特征参数在初始时刻的值;

　　　　x_n——特征参数在失效时刻的值;

　　　　$\sigma(x_{\text{f}})$——特征参数的标准差。

　　预测性指标考虑了特征参数的变动范围与分散程度,且 $\text{pre}(x) \in [0,1]$,当某种特征参数的变动范围越大且标准差越小时,其预测性指标就越接近于 1,描述性能退化的效果也就越好。

4.1.3　特征参数综合选择方法

　　为综合考虑多个评价指标的贡献率,首先要把所得的各评价指标得分做归一化处理,即把各评价指标得分映射到 $[0,1]$ 的范围内,归一化处理公式为

$$x'_{ij} = \frac{x_{ij} - x^j_{\min}}{x^j_{\max} - x^j_{\min}} \tag{4.4}$$

式中　x_{ij}、x'_{ij}——第 j 个评价指标的第 i 个特征归一化前后的值;

　　　　$x^j_{\max}$ 和 $x^j_{\min}$——第 j 个评价指标得分的最大值和最小值。

　　其次经多位专家打分确定各评价指标的权重,本书确定的评价指标权重向量为 $(w_1, w_2, w_3) = (0.3, 0.3, 0.4)$,即赋予相关性与单调性指标较小的权重,预测性指标较大的权重,定义每个特征值的综合得分为

$$Q_{\text{m}} = \sum_{i=1}^{3} t^m_i w_i \quad m = 1, 2, \cdots, 29 \tag{4.5}$$

式中　t^m_i——第 m 各特征值的第 i 个评价指标得分,$i = 1, 2, 3$ 分别表示相关性、单调性和预测性指标;

　　　　w_i——各评价指标对应的权重。

然后由特征优选判据判断第 m 个特征值是否为优选特征值,特征优选判据如下:

$$\begin{cases} Q_m \geq Q_H \Rightarrow \text{优选特征值} \\ Q_m < Q_H \Rightarrow \text{非优选特征值} \end{cases} \tag{4.6}$$

式中 Q_H——特征值选择阈值。

4.2 基于 VSFOA-CGWSVDD 的性能退化模型

4.2.1 支持向量数据描述

1999 年,Tax 提出了支持向量数据描述(support vector data description,SVDD),并据此开发了基于 MATLAB 工具箱 PRTools 的用于单分类的 dd_tools[126]。近年来,SVDD 广泛应用于异常检测和分类。其核心思想是在高维空间中构造能够包含被描述目标数据集的最小体积封闭超球体,得到超球体数据描述边界[127]。超球边界内部的样本被定义为目标类,而超球边界外部的样本则被定义为非目标类。下面将对 SVDD 的基本原理和常用的核函数进行阐述。

(1)SVDD 的基本原理

对于给定的同一类别样本,对任意 n 维空间 R^n 中包含 N 个对象的数据集 $(x_i)_i^N$,找到一个最小体积封闭的超球,使其全部数据 x_i 都包含在内。为了增加分类鲁棒性,减少奇异样本的影响,引入松弛变量 $\xi_i \geq 0$,对违反约束的松弛总量 $\sum_{i=1}^{N} \xi_i$ 加入惩罚系数 $C>0$。将最小超球体定义为 $F(R,a)$,其中,R 为超球体的半径,a 为超球体的球心位置。则最小超球体的计算式如下:

$$\begin{cases} F(R,a,\xi) = R^2 + \varepsilon \sum_{i=1}^{N} \xi_i \\ \text{s.t. } \|\varphi(x_i) - a\|^2 \leq R^2 + \xi_i \end{cases} \quad \xi_i \geq 0, i = 1,2,\cdots,n \tag{4.7}$$

考虑上述凸二次规划问题的对偶规划得到的最优解,对上述约束引入 Lagrange 乘子 $\alpha_i>0$,构造如 Lagrange 函数:

$$L(R,a,\xi_i,\alpha_i,\gamma_i) = R^2 + C \sum_{i=1}^{N} \xi_i - \sum_{i=1}^{N} \alpha_i [R^2 + \xi_i - (x_i^2 - 2ax_i + a^2)] - \sum_{i=1}^{N} \gamma_i \xi_i \tag{4.8}$$

对 Lagrange 函数 $L(R,a,\alpha_i)$ 关于变量 R 和 a 求微分并令其值为 0,则有

$$\begin{cases} \dfrac{\partial}{\partial R}L(R,a,\xi_i,\alpha_i,\gamma_i) = 2R - \sum_{i}^{N} \alpha_i(2R) = 0 \\ \dfrac{\partial}{\partial a}L(R,a,\xi_i,\alpha_i,\gamma_i) = -\sum_{i}^{N} \alpha_i(2x_i - 2a) = 0 \\ \dfrac{\partial}{\partial \xi_i}L(R,a,\xi_i,\alpha_i,\gamma_i) = C - \alpha_i - \xi_i = 0 \end{cases} \tag{4.9}$$

由式(4.7)得

$$\begin{cases} \sum\limits_{i=1}^{N} \alpha_i = 1 \\ a = \sum\limits_{i=1}^{N} \alpha_i x_i \\ 0 \leqslant \alpha_i \leqslant C \end{cases} \tag{4.10}$$

把式(4.10)代入式(4.9)并转化成为对偶形式,得到

$$\begin{cases} L = \sum\limits_{i=1}^{N} \alpha_i (x_i, x_i) - \sum\limits_{i=1}^{N} \sum\limits_{j=1}^{N} \alpha_i \alpha_j (x_i, x_j) \\ \text{s. t. } \sum\limits_{i=1}^{N} \alpha_i = 1, 0 \leqslant \alpha_i \leqslant C \end{cases} \quad i = 1, 2, \cdots, N \tag{4.11}$$

令最优解为 $\alpha^* = (\alpha_1^*, \alpha_2^*, \cdots, \alpha_N^*)^{\mathrm{T}}$,超球体球心位置则可通过下式求解:

$$a = \sum_{i=1}^{N} \alpha_i^* x_i \tag{4.12}$$

由式(4.12)可以看出,超球体球心是目标类数据的一个线性组合。若 $\alpha_i^* = 0$,则样本为非支持向量,若 $\alpha_i^* > 0$,则样本为支持向量(support vector, SV),可知超球体球心位置仅与 SV 有关,超球体半径是从球心 a 到任一 SV 的距离,则半径 R 的平方值可用下式求得

$$R^2 = (x_k \cdot x_k) - 2 \sum_{i=1}^{N} \alpha_i (x_i, x_k) + \sum_{i=1}^{N} \sum_{j=1}^{N} \alpha_i \alpha_j (x_i, x_j) \tag{4.13}$$

式中,x_k 为 SV,对应于 $0 \leqslant \alpha_k \leqslant C$ 的样本。

综上,基于 SVDD 的单分类器的表达式如下:

$$f_{\mathrm{SVDD}}(z; a, R) = I(\parallel z - a \parallel^2 \leqslant R^2)$$

$$= I\left[(z \cdot z) - 2 \sum_{i=1}^{N} \alpha_i (z, x_i) - \sum_{i=1}^{N} \sum_{j=1}^{N} \alpha_i \alpha_j (x_i, x_j) \leqslant R^2 \right] \tag{4.14}$$

式中,$I(A) = \begin{cases} 1 & \text{if } A = \text{true} \\ 0 & \text{其他} \end{cases}$

一般地,目标数据不会呈球状分布,并在低维空间内线性不可分,因此,SVDD 用非线性映射 $\varphi: x \rightarrow \varphi(x)$ 将原始数据映射到高维特征空间,此时对偶规划可转化为下式:

$$\begin{cases} L = \sum\limits_{i=1}^{N} \alpha_i K(x_i, x_i) - \sum\limits_{i=1}^{N} \sum\limits_{j=1}^{N} \alpha_i \alpha_j K(x_i, x_j) \\ \text{s. t. } \sum\limits_{i=1}^{N} \alpha_i = 1, 0 \leqslant \alpha_i \leqslant C, \end{cases} \quad i = 1, 2, \cdots, N \tag{4.15}$$

在式(4.15)中,$K(x_i, x_j) = (\varphi(x_i), \varphi(x_j))$。

求取式(4.15)的最小值,得到最优解 $\alpha^* = (\alpha_1^*, \alpha_2^*, \cdots, \alpha_N^*)^{\mathrm{T}}$,则求解特征空间中最小超球体的球心位置的算式如下:

$$a = \sum_{i=1}^{N} \alpha_i^* \varphi(x_i) \tag{4.16}$$

类似地，a 映射到特征空间后，把最优解中 α_i^* 不为零的对应样本点为超球的 SV 记为 x_{sv}，则求解最小超球体的半径 R 的平方的算式如下：

$$R^2 = K(x_{sv} \cdot x_{sv}) - 2\sum_{i=1}^{N}\alpha_i K(x_i, x_{sv}) + \sum_{i=1}^{N}\sum_{j=1}^{N}\alpha_i\alpha_j K(x_i, x_j) \quad (4.17)$$

测试样本 Z 接受为目标样本算式为

$$\|\varphi(z) - a\|^2 = K(z \cdot z) - 2\sum_{i=1}^{N}\alpha_i^*(z, x_i) - \sum_{i=1}^{N}\sum_{j=1}^{N}\alpha_i^*\alpha_i^* K(x_i, x_j) \leqslant R^2 \quad (4.18)$$

（2）常用的核函数

线性核函数：

$$K(x_1, x_2) = x_1 \cdot x_2 + c \quad (4.19)$$

多项式核：

$$K(x_1, x_2) = (x_1 \cdot x_2 + c)^d \quad (4.20)$$

式中，d 为多项式的阶数，$d \geqslant 1$。

感知器核：

$$K(x_1, x_2) = \tanh[\beta(x_1 \cdot x_2) + c] \quad (4.21)$$

式中，$\tanh$ 为双曲正切函数，$\beta > 0, \theta < 0$。

高斯核：

$$K(x_1, x_2) = \exp(-\frac{\|x_1 - x_2\|^2}{2\sigma^2})$$

或

$$K(x_1, x_2) = \exp(-\gamma\|x_1 - x_2\|^2), \gamma = \frac{1}{2\sigma^2} \quad (4.22)$$

式中，σ 为高斯核的带宽，且 $\sigma > 0$；高斯核又称径向基核（RBF）。

在与核函数相关的学习算法中，如何选择核函数是关键。基于高斯核函数计算复杂度低，且运算不受特征空间维数提高的制约，通过选取适当的参数后可适用于任意分布样本，因此高斯核函数得以广泛应用。但高斯核函数未能逼近特征空间上的任意分界面，存在评估精度低的缺陷。本章用复高斯小波核函数作为 SVDD 的核函数，即构造出了复高斯小波支持向量描述（complex Gaussian wavelet support vector description，CGWSVDD）。

4.2.2　复高斯小波核函数

（1）复高斯小波核函数定义

定义 1：$\exists \psi(x) \neq 0, \psi(x)$ 是复高斯小波：

$$\psi(x) = C_p \exp(-ix)\exp(-x^2) \quad (4.23)$$

定义 2：复高斯小波核函数表达式为[128]

$$
\begin{cases}
K(x,x') = \prod_{i=1}^{n} \psi\left(\dfrac{x_i - b_i}{a_i}\right) \cdot \psi\left(\dfrac{x'_i - b'_i}{a'_i}\right) \\
\text{s. t. } x, x' \in R^n \\
a_i, a'_i, b_i, b'_i \in R ; a_i \neq 0, a'_i \neq 0
\end{cases}
\tag{4.24}
$$

式中，a_i、a'_i 为膨胀因子；b_i、b'_i 为位移因子。

（2）复高斯小波函数可以作为核函数的证明

证明：任取 $\varphi(x) \in R$，且 $\varphi(x) \neq 0$，有

$$
\iint_{R_n \times R_n} K(x,x') \varphi(x) \varphi(x') \mathrm{d}x \mathrm{d}x'
$$

$$
= \iint_{R_n \times R_n} \prod_{i=1}^{n} \left[\psi\left(\frac{x_i - b_i}{a_i}\right) \cdot \psi\left(\frac{x'_i - b'_i}{a'_i}\right) \right] \varphi(x) \varphi(x') \mathrm{d}x \mathrm{d}x'
$$

$$
= \iint_{R_n \times R_n} \prod_{i=1}^{n} \left\{ C_{\mathrm{p}} \exp\left[-i\frac{x_i - b_i}{a_i} \right] \exp\left[-\left(\frac{x_i - b_i}{a_i}\right)^2 \right] \times \right.
$$

$$
\left. C_{\mathrm{p}} \exp\left[-i\frac{x'_i - b'_i}{a'_i} \right] \exp\left[-\left(\frac{x'_i - b'_i}{a'_i}\right)^2 \right] \right\} \times \varphi(x) \varphi(x') \mathrm{d}x \mathrm{d}x'
$$

$$
= \int_{R^n} \prod_{i=1}^{n} \left\{ C_{\mathrm{p}} \exp\left[-i\frac{x_i - b_i}{a_i} \right] \exp\left[-\left(\frac{x_i - b_i}{a_i}\right)^2 \right] \times \varphi(x) \mathrm{d}x \right\} \times
$$

$$
\int_{R^n} \prod_{i=1}^{n} \left\{ C_{\mathrm{p}} \exp\left[-i\frac{x'_i - b'_i}{a'_i} \right] \exp\left[-\left(\frac{x'_i - b'_i}{a'_i}\right)^2 \right] \times \varphi(x') \mathrm{d}x' \right\}
$$

$$
= \int_{R^n} \prod_{i=1}^{n} \left\{ C_{\mathrm{p}} \exp\left[-i\frac{x_i - b_i}{a_i} \right] \exp\left[-\left(\frac{x_i - b_i}{a_i}\right)^2 \right] \times \varphi(x) \mathrm{d}x \right\}^2 > 0
\tag{4.25}
$$

因此，复高斯小波函数满足 Mercy 条件，可以作为核函数。

4.2.3　变步长果蝇优化算法

2011 年，Wen-Tsao Pan 从果蝇的觅食行为得到启发，提出果蝇优化算法（fruit fly optimization algorithm，FOA）。FOA 是一种基于果蝇觅食行为推演出的寻求全局优化的新方法。该方法利用果蝇在嗅觉和视觉上的知觉优于其他物种的特点，首先在全局范围内搜集飘浮在空气中的气味，根据味道浓度飞到食物附近，之后利用视觉发现食物或同伴聚集的位置，并往该方向飞去。

FOA 程序简单、易于理解且收敛速度比较快，因而得到广泛的运用[129-131]。但经典的FOA 中，果蝇觅食过程中的迭代步长值是固定值，不能根据实际问题改变，因此在求解全局优化问题时可能存在寻优精度不高、收敛速度较慢、易陷入局部最优等问题[132-135]，为了克服经典 FOA 存在的缺陷，本书根据优化参数的实际值，提出一种变步长果蝇优化算法（variable step-size fruit fly optimization algorithm，VSFOA）。

VSFOA 的思想是在 FOA 的基础上，在果蝇初始寻找食物时，在大的范围（全局范围）内

搜索,随着迭代步数的增多,食物味道增强,逐步在较小的范围内搜索,以提高搜索精度并减少搜索时间。

由于味道浓度是距离的倒数,步长因子和搜索范围的关系也是倒数关系,步长因子越小,搜索的范围就越大,因此初始时要选小的步长因子,逐步增加步长因子,步长因子的定义如下:

$$\text{Step}_i = \text{Step}_{i-1}\left(1 - \frac{\text{gen}_{i-1}}{\text{gen}_{\max}}\right) \tag{4.26}$$

式中 Step_i——第 i 代果蝇的步长因子;

   gen_{i-1}——第 $i-1$ 代进化代数;

   $\text{gen}_{\max}$——设定的最大进化代数。

VSFOA 与经典 FOA 的步骤雷同,但在第一步参数初始化时需要初始化步长因子,第二步搜索食物时的方向和距离要受到步长因子的控制,其余步骤和迭代规则不变。

4.2.4 性能退化评估模型的建立

当建立 CGWSVDD 超球体模型后,利用 VSFOA 全局搜索能力强和搜索精度高等特点,对 CGWSVDD 模型中的 C_p、a_1、a_2、b_1、b_2 以及 SVDD 中的惩罚因子 C,一共六个参数同时进行智能优化,得到 VSFOA-CGWSVDD 模型。VSFOA-CGWSVDD 模型建立的主要步骤如下。

step1:参数初始化。初始化种群规模 sizepop、最大迭代次数 $\text{gen}_{\max}$、步长因子以及果蝇群体初始位置:

$$\begin{aligned}
&\text{sizepop} = 100; \\
&\text{gen}_{\max} = 100; \\
&\text{step} = 2/3; \\
&\text{length} = 6; \\
&\text{x\_asis} = 2 * \text{rand}(1, \text{length}) - 1; \\
&\text{y\_asis} = 2 * \text{rand}(1, \text{length}) - 1
\end{aligned} \tag{4.27}$$

式中 step——果蝇搜索食物的步长因子;

   Length——需要优化的参数个数。

step2:赋予果蝇个体搜索食物的飞行随机方向与距离:

$$\begin{aligned}
&\text{position\_x} = \text{x\_axis} + \text{step} * (2 * \text{rand} - 1); \\
&\text{position\_y} = \text{y\_asis} + \text{step} * (2 * \text{rand} - 1);
\end{aligned} \tag{4.28}$$

step3:由于最优解的具体位置未知,因此先计算果蝇个体与原点间的距离 dist,再计算味道浓度判定值 smell,此值为距离的倒数。

$$\begin{aligned}
&\text{position} = [\text{position\_x}, \text{position\_y}]; \\
&\text{dist} = \sqrt{\text{position\_x}^2 + \text{position\_y}^2}; \\
&\text{smell} = 1/\text{direct};
\end{aligned} \tag{4.29}$$

step4：把 smell 带入设定的适应度函数 fitness，即味道浓度判定函数，求出果蝇个体的适应度值。本书以制动系统性能基准样本建立 CGWSVDD 超球体模型，然后把 CGWSVDD 模型用于样本分类，分类时定义性能基准样本为一类，对应的类别代号为"1"，其余性能退化样本为另一类，对应的类别代号为"-1"。把所有样本输入到得到 CGWSVDD 模型，将得到的分类结果准确率与最小支持向量的个数（最小定义为 2 个支持向量）的综合值作为果蝇个体的适应度函数，它定义为

$$\text{fitness} = \left[\left(1 - \frac{\text{error}}{\text{total}} \right) + \frac{|\, \text{error}_1 - 2 \,|}{m} \right] \times 100\% \qquad (4.30)$$

式中　total——指需要分类的总样本数；

　　　error——分类错误的样本数；

　　　error_1——支持向量个数；

　　　m——总样本数量。

step5：找出果蝇群体中味道浓度最高的果蝇：

$$[\, \text{smell}, \text{index} \,] = \max(\text{fitness}) \qquad (4.31)$$

step6：保留最佳浓度值与最佳果蝇位置坐标：

$$\text{best\_position} = \text{position}(\text{index}, :);$$
$$\text{best\_fitness} = \text{smell}; \qquad (4.32)$$

step7：进入迭代寻优：执行步骤 step2~step5，判断适应度函数值是否高于上一次迭代的值，如果是，则执行 step6，更新群体的最优适应度值并保留最佳位置，然后返回 step2~step5；如果不是，则直接返回 step2~step5 继续迭代寻优，直到达到结束条件为止。

step8：算法迭代结束后，即可得到最佳的参数 C_p、a_1、a_2、b_1、b_2 和 C，VSFOA-CGWSVDD 模型建立完毕。

4.2.5　性能得分定义与性能退化评估步骤

（1）性能得分定义

本书设备的性能退化程度用性能得分（performance evaluation，PE）来表示，PE 的取值范围在 $[0,1]$，1 表示性能最好，说明设备在最优状态下工作；0 表示性能最差，说明设备到达正常指标的边缘，需要加强监测并准备检修。

当建立 VSFOA-CGWSVDD 超球体模型后，把所有样本逐个带入到 VSFOA-CGWSVDD 超球体模型，计算每一个数据点 x_{test} 到超球体球心的距离 D_{test}：

$$D_{\text{test}} = \sqrt{K(x_{\text{test}}, x_{\text{test}}) - 2\sum_{i=1}^{n} \alpha_i K(x_{\text{test}}, x_i) + \sum_{i=1}^{n} \sum_{j=1}^{n} \alpha_i \alpha_j K(x_i, x_j)} \qquad (4.33)$$

以 D_{test} 作为制动系统性能退化评估的依据，遵循 D_{test} 越大，说明待测样本偏离正常值越远、制动系统的性能退化程度越大的原则。为符合人们的习惯思维，定义全部性能退化阶段的归一化距离为性能退化评估指标，即测试样本的 PE 定义为

$$\text{PE}_{\text{test}} = 1 - \frac{D_{\text{test}} - D_{\text{min}}}{D_{\text{max}} - D_{\text{min}}} \qquad (4.34)$$

式中　D_{min}——所有性能退化阶段样本中与 VSFOA-CGWSVDD 超球体模型中心点的最小
　　　　　　距离；

　　　　D_{max}——所有性能退化阶段样本中与 VSFOA-CGWSVDD 超球体模型中心点的最大
　　　　　　距离。

（2）设定自适应性能退化报警的阈值

对于大型、复杂、精密的设备可能无法获取全寿命周期数据，或仅仅可以获得设备的最
优运行状态数据，因此，设定性能退化报警阈值是很有必要的。3σ 准则（拉依达准则）是简
单最也是最常用的一种异常数据评判准则。根据 3σ 准则，观测值偏离总体期望的偏差落
在 3σ 区间的概率为 99.73%，即其判别的可靠性为 99.73%。如果观测数据的偏差落在此
区间外，则认为此观测超出正常范围，可判定为异常数据[136]。根据设备性能退化过程的特
点，性能指标越高越好，因此，仅需要计算其允许的最低值作为性能退化报警阈值。在制动
系统的性能退化评估中，用基准值内样本数据的性能指标计算（$\mu-3\sigma$），就得到其自适应性
能退化报警的阈值。

（3）制动系统性能退化评估步骤：

基于 VSFOA-CGWSVDD 的制动系统性能退化评估流程图如图 4.2 所示。

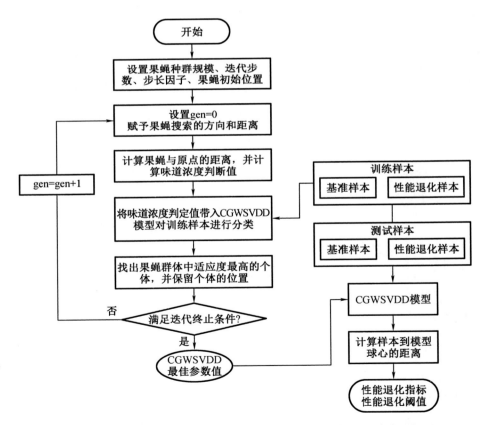

图 4.2　基于 VSFOA-CGWSVDD 的制动系统性能退化评估流程图

制动系统性能退化评估的步骤为：

step1：正常和性能退化特征样本获取：采集制动系统在正常和性能退化状态下恒减速制动时的压力-时间曲线，其中定义制动系统在正常状况恒减速制动时的压力-时间曲线为性能评估基准样本或健康样本，制动系统在性能退化状况下恒减速制动时的压力-时间曲线为性能退化样本。

step2：特征提取、选择与降维：提取均值、峭度因子以及 8 个小波包分解能量熵等，共 29 个特征参数构造出备选特征集合。通过对相关性、单调性和预测性指标的综合分析，选取备选特征集合中的对性能退化敏感的特征参数组成性能退化评估的特征向量。

step3：VSFOA-CGWSVDD 模型建立：利用性能评估基准样本的特征向量构建 CGWS-VDD 超球体模型，然后用全部样本和 VSFOA 方法来优化所建立模型中复高斯小波核函数中的 5 个参数以及 SVDD 模型中的 C 参数。

step4：性能退化评估：将测试样本特征向量输入到 VSFOA-CGWSVDD 模型中，根据公式（4.17）计算特征向量与超球体模型中心之间的距离，根据公式（4.18）进行归一化处理，就得到测试样本的 PE。把制动系统全生命周期的特征向量逐个输入到 VSFOA-CGWSVDD 模型中，便可以得到制动系统的性能退化过程曲线。

step5：根据 3σ 准则设定性能退化报警阈值。

4.3　仿 真 实 验

4.3.1　正常及性能退化特征数据仿真

利用第 3 章搭建的仿真平台，设置恒减速制动时的减速度为 3.5 m/s^2，减速时间为 3.0 s，残压保持时间为 0.2 s，采样时间为 0.01 s，仿真出制动系统在正常、弹簧刚度减小、摩擦因数下降、弹簧刚度减小的同时，液压油中进入空气以及弹簧刚度与闸瓦摩擦因数均减小时制动系统压力-时间曲线共 128 组，将这 128 组数据作为制动系统性能退化评估的数据样本，其中前 30 组正常状况下是数据样本为性能评估基准样本。

4.3.2　特征提取与选择

根据 4.1 节方法提取压力-时间曲线的 29 个特征参数，根据公式（4.1）（4.2）（4.3）计算其相关性、单调性与预测性指标得分，根据式（4.5）计算每个特征参数的综合评价得分。各特征参数评价指标与综合得分计算结果如表 4.2 所示。

表 4.2 各特征参数评价指标得分与综合得分

参数名称	相关性	单调性	预测性	综合得分	参数名称	相关性	单调性	预测性	综合得分
P_{98}	0.123 2	0.165 4	0.283 3	0.199 9	M_2'	0.461 7	0.055 1	0.694 4	0.432 8
P_{95}	0.092 6	0.070 9	0.506 9	0.251 8	M_3'	0.778 2	0.055 1	0.746 2	0.548 5
P_{92}	0.790 4	0.149 6	0.681 0	0.554 4	M_4'	0.702 1	0.039 4	0.741 8	0.519 1
P_{90}	0.888 1	0.118 1	0.737 3	0.596 7	M_5'	0.821 4	0.086 6	0.748 9	0.572 0
P_{80}	0.880 6	0.338 6	0.748 8	0.665 2	M_6'	0.818 1	0.070 9	0.753 3	0.568 0
P_{50}	0.881 3	0.291 3	0.747 9	0.650 9	M_7'	0.851 6	0.070 9	0.752 0	0.577 5
$\bar{x}$	0.891 8	0.354 3	0.742 0	0.670 6	$E_{3,0}$	0.885 2	0.181 1	0.722 5	0.608 9
x_g	0.889 0	0.370 1	0.745 2	0.675 8	$E_{3,1}$	0.585 9	0.244 1	0.644 9	0.507 0
H_n	0.684 8	0.165 4	0.658 7	0.518 5	$E_{3,2}$	0.101 9	0.102 4	0.143 7	0.118 7
r	0.545 4	0.196 9	0.677 7	0.493 7	$E_{3,3}$	0.416 1	0.102 4	0.714 1	0.441 2
$\bar{x}_x$	0.891 0	0.165 4	0.733 2	0.610 2	$E_{3,4}$	0.138 3	0.149 6	0.456 6	0.269 0
S_f	0.813 2	0.055 1	0.761 4	0.565 1	$E_{3,5}$	0.081 1	0.181 1	0.237 6	0.173 7
C_f	0.894 0	0.070 9	0.738 1	0.584 7	$E_{3,6}$	0.113 0	0.212 6	0.144 7	0.155 6
K_f	0.319 3	0.102 4	0.000 0	0.126 5	$E_{3,7}$	0.291 8	0.196 9	0.729 7	0.438 5
CL_f	0.613 0	0.291 3	0.701 5	0.551 9					

根据各特征参数的综合得分,特征参数选择阈值设置为 0.55,由判别函数式(4.16)判断每一个特征参数是否为优选特征参数。共选择出 14 个特征参数,分别是百分位数 P_{92}、P_{90}、P_{80}、P_{50}、均值 $\bar{x}$、几何平均数 x_g、均方根值 $\bar{x}_x$、波形指标 S_f、峰值指标 C_f、裕度指标 CL_f;五至七阶的中心矩特征 M_5'、M_6'、M_7' 以及小波包分解第三层第 1 个归一化子带能量 $E_{3,0}$。部分优选特征与非优选特征分别如图 4.3 和图 4.4 所示。

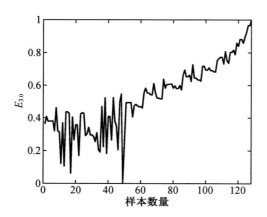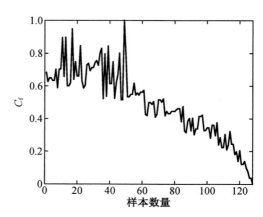

图 4.3 制动系统的 2 个优选特征参数

从图 4.3 可以看出,优选的特征向量随着制动系统性能退化,总体呈现单调变化趋势,但单个特征向量可能对早期故障不敏感或波动性较大,并不能全面反映出制动系统的性能退化状态,所以需要基于 CGWSVDD 模型,将所有特征向量的信息融合,构造新的评估指标。从图 4.4 可以看出,非优选的特征指标随着制动系统性能退化,总体呈现无变化规律,不能用于性能退化评估。

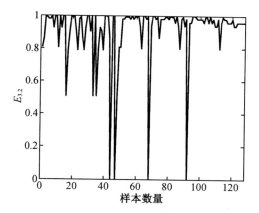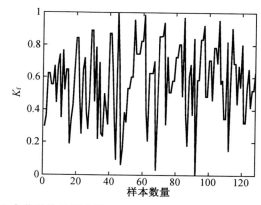

图 4.4　制动系统的 2 个非优选特征参数

从以上分析可以看出,本书提出的特征参数综合选取方法可以选择出适合于性能退化评估的特征参数。

4.3.3　建立 VSFOA-CGWSVDD 的模型

在仿真出的 128 组制动系统全生命周期的压力-时间曲线中,前 30 组正常状况下采集的数据样本为性能评估基准样本,其余为性能退化阶段样本。采用 VSFOA 对 CGWSVDD 中的参数 C_p、a_1、a_2、b_1、b_2 以及惩罚因子 C 进行寻优,将模型训练过程中的分类准确率得到的分类结果准确率与最小支持向量的个数(最小定义为 2 个支持向量)的综合值作为果蝇个体的适应度函数,设定果蝇个体初始步长因子 $step = \dfrac{1}{1.5}$,种群规模 $sizepop = 100$,最大迭代次数 $gen_{max} = 100$,经过 VSFOA 优化 CGWSVDD 模型,得到的复小波核函数的各参数与惩罚因子 C 值如表 4.3 所示,用全部样本带入到 VSFOA-CGWSVDD 模型,样本的分类准确率为 100%,其分类准确率如图 4.5 所示。

表 4.3　CGWSVDD 中的参数优化结果

参数名称	C_p	a_1	a_2	b_1	b_2	C
优化值	0.6	0.8	0.65	0.73	1.25	0.82

从图 4.5 可以看出,VSFOA 仅用 55 步就达到全生命周期的样本分类准确率 100%,说明了 VSFOA-CGWSVDD 方法具有实用性。

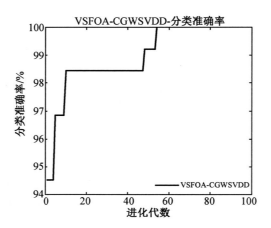

图 4.5　VSFOA-CGWSVDD 模型的分类准确率

为了验证 VSFOA-CGWSVDD 模型的优越性,分别用网格法优化 SVDD 模型、FOA-SVDD 模型、FOA-CGWSVDD 模型与 VSFOA-CGWSVDD 模型对仿真得到的全部样本进行分类。

网格法优化 SVDD 模型得到的各参数对的分类准确率如图 4.6 所示。网格法优化 SVDD 模型时,主要是对 SVDD 模型中的高斯核参数 g 和误差惩罚参数 C 进行优化。参数 g 的主要作用是控制样本高斯分布的宽度,g 过小时就会产生过度拟合,使新样本的分类能力降低;g 过大时就会没有学习能力,所有样本会归于一类。误差惩罚参数 C 为错分样本偏离值的惩罚系数,用来调节学习机器的经验风险与置信范围的比例,使机器学习的泛化性能最好。C 值越大对数据的拟合度越高,表示必须满足所有约束条件,但同时泛化能力降低;C 值越小对经验误差的惩罚就越小,使机器学习的复杂度小,但经验风险值较大,因此需对 g 和 C 的选取进行优化。对 g 和 C 进行优化时,设定两个参数取值分别为 $\log_2 C = -10:0.5:10$,$\log_2 g = -10:0.5:10$。针对每对参数 (g', C') 进行训练,最终得到最优模型的 g 和 C 值。网格法优化 SVDD 模型得到的各参数对的分类准确率如图 4.6 所示。

从图 4.6 可以看出,网格优化算法优化 SVDD 得到的最佳分类准确率为 96.09%,其中最佳准确率的点有 21 个,因为 C 值越小,机器学习的复杂度越小,所以选择 $(2^0, 2^{-1})$ 为 g 和 C 值的优化结果。

在使用 FOA-SVDD 模型、VSFOA-SVDD 模型、FOA-CGWSVDD 模型与 VSFOA-CGWS-VDD 模型时,为了使优化结果有更强的可比性,优化时设置同样的种群规模和迭代次数:果蝇种群规模都设置为 sizepop=100,迭代步数设置为 $\text{gen}_{\max}=100$,VSFOA 初始寻优步长因子都设置为 step $= \dfrac{1}{1.5}$,各方法得到的迭代次数与分类准确率如图 4.7 所示。

以上所有方法运行 10 次得到的平均迭代步数与分类准确率如表 4.4 所示。

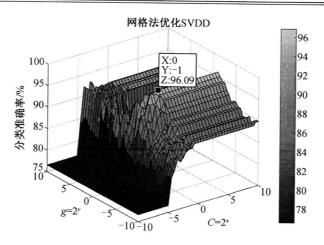

图 4.6 网格法优化 SVDD 的分类准确率

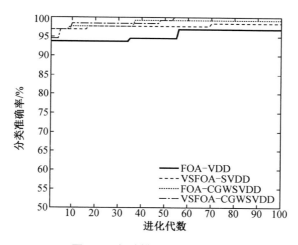

图 4.7 各种模型的分类准确率

表 4.4 各种模型的迭代步数与分类准确率

模型名称	迭代步数	分类准确率
SVDD 网格法	—	96.09%
FOA-SVDD	100	96.88%
VSFOA-SVDD	100	98.44%
FOA-CGWSVDD	100	99.218 8%
VSFOA-CGWSVDD	55	100%

从表 4.4 中各个模型的平均迭代次数与分类准确率可以看出：

（1）在 SVDD 中，网格法优化 SVDD 模型的分类准确率为 96.09%，FOA-SVDD 的分类准确率为 96.88%，VSFOA-SVDD 的分类准确率为 98.44%，高于 FOA-SVDD 和网格法优化 SVDD。

（2）在 CGWSVDD 中，VSFOA 方法在第 55 次迭代时就达到分类准确率 100% 的最优目标，FOA 方法达到分类准确率为 99. 218 8%，VSFOA 在全局范围内进行搜索的能力优于 FOA 方法。

（3）在 SVDD 与 CGWSVDD 之间对比分析可知，不管是哪种优化方法，总体上 CGWS-VDD 的分类精度优于 SVDD 的分类精度。

通过以上分析可以证明本书提出的 VSFOA-CGWSVDD 方法的优越性。

4.3.4 基于 VSFOA-CGWSVDD 的性能退化评估

得到 VSFOA-CGWSVDD 模型后，把制动系统全部样本的特征向量逐个输入到 VSFOA-CGWSVDD 模型中，根据公式（4.17）计算特征向量与超球体模型中心之间的距离，对所有计算出的特征样本距离按照公式（4.18）进行归一化处理，就得到测试样本的性能退化评估值。以这些评估值为纵坐标，样本序号为横坐标制图，就可以得到制动系统的性能退化曲线，如图 4.8 所示。

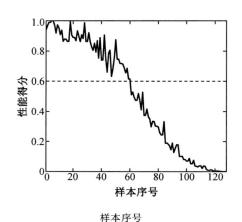

样本序号

图 4.8　制动系统性能退化曲线

从图 4.8 可以看出：

（1）制动系统的性能总体上呈现逐步退化的趋势，这符合设备性能退化的规律。

（2）性能退化出现波动的原因是仿真时没有严格按照性能退化严重程度排序，比如弹簧刚度减小和摩擦因数减小两种性能退化，并没有严格区分其性能退化程度；但整体的性能退化曲线可以证明所提出的方法的有效性。

（3）自适应性能退化报警的阈值为 0.60，即性能指标降低到 0.60 就可能出现设备运行异常，应加强设备监测。

4.4　试 验 验 证

4.4.1　试验台介绍

本试验在洛阳中信重工新区试验台上进行,试验台加载能力 600 kN,最大提升速度可达 20 m/s,卷筒直径 6.5 m,驱动功率配置达 10 000 kW,试验台主要配置 TE088 系列润滑站 2 套,流量最大 100 L/min;新型智能闸控系统 1 套,制动器规格 TP1-150,数量 32 对;可满足拖动功率 7 000 kW 的矿井提升机试验,实现恒力矩、恒减速性能试验以及提升机电控系统性能及安全试验。

4.4.2　安全制动测试试验介绍

为验证本书提出方法的可靠性和实用性,需要在试验台上采集数据来验证该方法,为减少恒减速制动对试验台造成不必要的损伤,也为了使所研究的方法能顺利工程转化,本书提出一种固定模式的恒减速制动性能测试方案,此测试方案在实施恒减速制动试验时不需要加载负荷,提升机的运行速度和制动减速度都适当降低,仅相当于提升机空载低速运行时的恒减速度恒减速制动。为表述清楚,在此后把该测试方案定义为安全制动测试试验。

安全制动测试试验时,提升机稳定运行在转速 2 m/s 后实施恒减速制动,恒减速制动减速度设定为 0.5 m/s²。在安全制动测试试验中,使用型号为 MDO4024C 的 Tektronix 示波器采集制动系统的压力-时间数据,采样频率设置为 25 Hz,采样时间是从恒减速制动指令发出开始到提升机的速度降为零结束。图 4.9 为安全制动测试试验的现场图。

图 4.9　安全制动测试试验的现场图

制动系统全生命周期的性能下降工况有很多种,如开闸间隙过大、弹簧刚度减小、制动器缸体活塞间泄漏或摩擦阻力增大、制动盘与制动器摩擦片摩擦因数减小等,测试试验不可能测试每一种性能下降工况,本测试试验仅证明前文所述 VSFOV-CGWSVDD 模型的可靠性和实用性,因此可以根据实际情况减少试验难度。根据制动原理,制动器开闸不参与恒减速制动,相当于摩擦因数降低或弹簧刚度减小,合闸过程中管路通流面积减小也影响合闸时间,相当于开闸间隙过大故障,为了减少试验难度,采用不同数量的制动器不合闸或合闸过程中管路中的闸阀开度减小来模拟不同程度的制动系统性能降低。首先采集八组制动系统在最佳状态下恒减速制动时压力-时间数据,然后分别采集有一、二、三、四个制动器在合闸过程中回油管闸阀的开度减小和开闸状态下恒减速制动时压力-时间数据各两组,共得到 24 组不同性能的系统压力-时间数据,称这 24 组数据为制动系统的全生命周期数据。

4.4.3 基于 VSFOA-CGWSVDD 的性能退化评估

根据第 4.2.5 节所述的步骤与方法,首先提取与选择特征向量,之后建立 VSFOA-CG-WSVDD 的性能退化评估模型,最后进行性能退化评估。

在建立 VSFOA-CGWSVDD 的性能退化评估模型时,把全生命周期数据分为两类,一类为性能最优状态下采集的 8 组样本,称为性能评估基准样本,另一类为其余 16 组样本,称为性能退化样本。首先用性能评估基准样本建立 CGWSVDD 超球体模型,然后用 VSFOA 来优化 CGWSVDD 模型,优化时用全部样本的分类准确率作为适应度函数,其种群规模 size-pop 和迭代次数 gen_{max} 以及步长因子 step 的初始值,与 4.3.3 节用仿真数据进行性能退化评估时设置同样的值。用 VSFOA 来优化 CGWSVDD 模型的分类准确率如图 4.10 所示,最后得到全部样本的性能退化评估结果如图 4.11 所示。

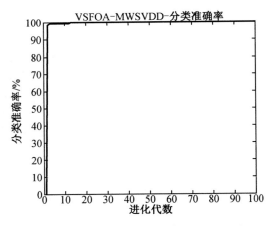

图 4.10 VSFOA-CGWSVDD 分类准确率图

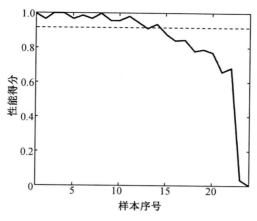

图 4.11　制动系统性能退化曲线

从图 4.10 可以看出,用 VSFOA 方法优化 CGWSVDD 时,第 13 次迭代时就达到分类准确率 100% 的最优目标,说明了 VSFOA 方法具有实用性。

从图 4.11 可以看出,制动系统的性能指标评估值随性能下降呈现出逐步减小的趋势,符合采样时设定的性能下降实际情况,因此证明了本书提出方法的可靠性和实用性。

4.5　本　章　小　结

本章根据提升机恒减速制动系统的特点选取恒减速制动时的压力-时间曲线为特征数据,求其百分位数、均值、峭度因子和小波包分解重构时的能量熵等 29 个特征组成备选特征集合,进行特征选取后,利用 VSFOA-CGWSVDD 方法进行制动系统性能退化评估,并利用仿真和实验数据证明了 VSFOA-CGWSVDD 方法的可靠性和实用性。本章具体工作为:

(1)提出基于相关性、单调性和预测性的一种性能退化特征评价和选取方法:首先定义了相关性、单调性和预测性定义,然后提出了一种基于专家打分的特征参数综合选取方法。

(2)提出一种变步长果蝇优化算法,该方法首先用大步长在大范围内搜索,然后随着迭代步数的增加,逐步缩小步长和搜索范围,从而达到提高搜索精度的目的,该方法比经典果蝇优化算法的寻优速度快、精度高。

(3)提出一种安全制动测试试验方法,利用该方法可以定期测试制动系统的性能。

(4)提出一种 VSFOA-CGWSVDD 的制动系统性能退化评估方法。通过仿真数据验证了提出方法的可靠性,并通过试验台数据验证了提出方法的实用性。本书提出的性能指标计算方法为提升机制动系统的状态检修和智能维护提供了技术支持。

第 5 章　基于 BP 神经网络的提升机制动系统故障诊断方法研究

在本书的第 4 章中,根据提升机的恒减速制动系统的特点,选取了针对恒减速制动时的压力-时间曲线为特征数据,求出百分位数、均值、峭度因子和小波包分解重构时的能量熵等 29 个特征组成备选特征集合,构建了基于 VSFOA-CGWSVDD 的提升机制动系统性能退化评估模型,并通过实验数据进行仿真分析,验证了所提出方法的可靠性和实用性。

本章在第 4 章的研究基础上,考虑在实际应用中,在提升机的恒减速制动系统的性能退化到自适应阈值之后,需进一步分析引起性能退化的原因及其严重程度,以便跟踪零部件的早期故障,及时制定维修方案。为研究此问题,本章提出一种基于 BP 神经网络神经网络的制动系统故障诊断方法。本章的研究思路为:选取故障诊断特征参数,进行综合评价并在选取后用主成分分析法进行降维,最后利用 BP 神经网络进行故障诊断。

5.1　故障诊断特征选取

特定的特征提取和选择方法往往仅适用于某些特定的故障诊断情况,而将其用于其他的故障诊断则可能出现对故障不敏感或故障区分性不强等问题,不能很好地用于故障诊断[137-142]。为了选择出适合于制动系统故障诊断的特征向量,本节在上一章备选特征集合[143]的基础上,重点研究特征参数优劣的定量评价方法,即研究多评价指标的故障诊断特征参数选取方法。

5.1.1　特征评价

在对多类别故障的高维特征集合进行评价时,采用单一评价指标的评价模型在某一方面对该特征进行故障敏感度评价,难免存在片面性,特征评价效果难以令人满意。针对上述问题,本书提出了一种多评价指标加权综合特征评价模型,该模型定义了类间平均距离、类间-类内综合距离、Fisher 得分、数据方差和相关系数等五种特征评价指标。研究思路是:首先测算每个特征五种评价指标得分,接着根据各评价指标得分确定某种特征的综合评价得分,最后甄选出故障敏感度高的特征参数进行故障诊断[144-146]。这五种评价指标分别定义如下。

(1)类间平均距离 MD_1

特征参数 j 的类间平均距离定义为类与类重心之间距离的平均数,类的重心为类内样本的均值：

$$MD_{1j} = \frac{1}{c(c-1)} \sum_{e=1}^{c} \sum_{k=1}^{c} |\mu_{ej} - \mu_{kj}| \tag{5.1}$$

式中　c——故障类别数量；

　　　μ_{kj}——第 k 类样本的第 j 个特征的均值。

（2）类内-类间综合距离 MD_2

特征参数 j 的类内-类间综合距离定义为类间平均距离与类间平均距离的比值：

$$MD_{2j} = \frac{MD_{1j}}{\dfrac{1}{c} \sum\limits_{k=1}^{c} \dfrac{1}{n_k(n_k-1)} \sum\limits_{i=1}^{n_k} \sum\limits_{l=1}^{n_k} |x_{ij}^k - x_{lj}^k|} \tag{5.2}$$

式中　c——故障类别数量；

　　　n_k——第 k 类样本的样本数；

　　　x_{ij}^k——第 k 类故障中第 i 个样本的第 j 个特征参数。

（3）Fisher 得分 MD_3

$$MD_{3j} = \frac{\sum\limits_{k=1}^{c} n_k(\mu_{kj} - \mu_j)^2}{\sum\limits_{k=1}^{c} n_k \sigma_{kj}^2} \tag{5.3}$$

式中　μ_{kj}——第 k 类样本的第 j 个特征的均值；

　　　μ_j——所用样本第 j 个特征的均值；

　　　σ_{kj}——第 k 类样本的第 j 个特征的方差。

（4）相关系数

相关性指标定义为

$$MD_{4j} = \frac{\left| n \sum\limits_{i,l=1}^{n} x_{ij}x_{lj} - \sum\limits_{i=1}^{n} x_{ij} \sum\limits_{l=1}^{n} x_{lj} \right|}{\sqrt{\left[n \sum\limits_{i=1}^{n} x_{ij}^2 - \left(\sum\limits_{i=1}^{n} x_{ij} \right)^2 \right] \left[n \sum\limits_{l=1}^{n} x_{lj}^2 - \left(\sum\limits_{l=1}^{n} x_{lj} \right)^2 \right]}} \tag{5.4}$$

式中　n——总的样本数量；

　　　x_{ij}——第 i 个样本的第 j 个特征参数；

　　　x_{lj}——第 l 个样本的第 j 个特征参数。

（5）数据方差

相关性指标定义为

$$MD_{5j} = \sum_{i=1}^{n} (x_{ij} - \mu_j)^2 \tag{5.5}$$

式中，μ_j 为样本第 j 个特征的均值。

5.1.2　特征参数综合选择方法

本节特征选取是利用上一章的特征综合评价方法，首先计算特征参数各评价指标的得分,然后由公式(4.4)把各评价指标得分做归一化处理,其次经多位专家打分确定各评价指标的权重,本节由专家确定的评价指标权重向量为$(w_1, w_2, w_3, w_4, w_5) = (0.3, 0.3, 0.2, 0, 1, 0.1)$,即赋予类间距离与类内类间综合距离测度较大的权重,Fisher 得分测度为平均权重,相关性与数据方差测度较小的权重,再后由公式(4.5)计算每个特征参数的综合评价得分,最后根据公式(4.6)的特征优选判据判断第 m 个特征参数是否为优选特征参数。

5.1.3 特征集合降维

在对备选特征集特征优选以后,还会有较多的特征参数,而大量特征向量会具有高维性质,其中某些特征向量很可能非常相关,导致信息重叠。因此,为了降低数据冗余性,便于后续数据分析,须对数据降维,将特征的维数降到合适的工程实用的范围。本章用主成分分析法(principal component analysis, PCA)来对数据进行降维。

主成分分析也称主分量分析,旨在利用降维的思想,把多指标转化为少数几个综合指标。在统计学中,主成分分析法是一种线性变换的方法,在变换中保持变量的总方差不变,它能把给定的一组相关变量转换成新坐标系下的一组不相关的变量,这些新的变量按照方差递减的顺序排列。变换后的第一变量的方差最大,称为第一主成分,第二变量的方差次大,称为第二主成分,依次类推,这样保留低阶主成分,忽略高阶主成分就能够保留数据的主要特征,达到数据降维的目的。主成分分析的流程图如图 5.1 所示。

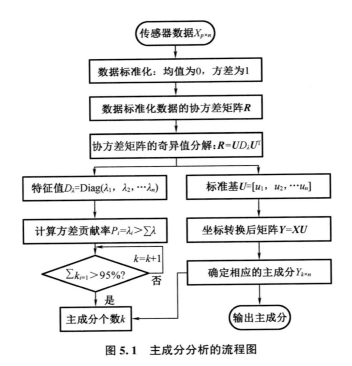

图 5.1 主成分分析的流程图

5.2　BP 神经网络的故障诊断

5.2.1　人工神经网络的基本原理

人工神经网络(artificial neural network，ANN)是模仿人类神经网络的一种数学模型。ANN 的基本单元是神经元,类似生物体的神经系统基本单元,是一个多输入单输出结构。神经元的结构示意图如图 5.2 所示。

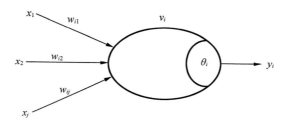

图 5.2　神经元结构示意图

在图 5.2 中,x_i 为神经元输入信号;θ_i 为神经元阈值;w_{ij} 为 v_i 到 v_j 链接的权值。神经元输入为

$$\text{net}_i = \sum_j w_{ij} x_j + \theta_i \tag{5.6}$$

输出为

$$y_i = f(\text{net}_i) \tag{5.7}$$

神经网络由大量神经元关联而构成,它是一个非线性动力学系统,虽然单个神经元结构极其简单,功能有限,但大量神经元构成的网络系统所能实现的功能却极其强大,原因是神经网络实质是一种复杂的数学系统;这个系统主要由三个部分组成:一是每个神经元代表一种函数,我们称之为激励函数,不同的神经元代表不同的函数,这就带来了系统数学模型的多样性;二是函数之间即神经元之间互相连结的权重不同,因此会诞生无穷多种的连结方式;三是隐含层神经元的数量可以按照实际需要而设定,可以是单层或多层隐含层,因此有会增加系统的可调节性。ANN 的连结而成的函数都是一种自然界存在的函数算法的逼近,这就让 ANN 成为功能强大的数学系统变为可能[147-148]。

5.2.2　BP 神经网络模型及其基本原理

BP 人工神经网络模型(back-propagation artificial neural network)简称 BP 神经网络或 BP 网络,由 D. E. Rumelhart 和 J. L. McClelland 为首的科学家小组于 1986 年提出,是一种按误差逆向传播算法训练的多层前馈网络,也是目前应用最广泛的神经网络模型之一。

人工神经网络模型要想得到满意的结果,数字信号要经过不断循环的复杂处理过程。

整个过程包含了三个层面:输入层、隐含层和输出层。每一次运算,就是数字信号经由输入层进行传导,导向隐含层,隐含层最大的职能就是运算,而且在这个层面能得到最复杂的运算,之后隐含层将计算结果经由输出层输出,如果最后的结果与期望结果存在过大的误差,这次运算结果会反过来经由输出层导向隐含层,隐含层会分解运算结果,恢复原来的原始信号,由各单位进行修正,之后再将数据导入输入层,再次开始第一次的整个运算流程,直到整个运算流程得到的结果满意,才会中止运算。

(1)BP 神经网络的信息处理方式的特点

①信息分布存储:在神经网络中,信息需要得到调整,这不是神经元进行改变,而是神经元之间的连结会出现改变,也就是权重发生了变化,信息广泛地分布在这些连结中。

②信息并行处理:人脑在单个的运算速度上一直不如电脑快,这是由信息的传递速度决定的。但是人脑对于复杂问题的处理一直非常出色,难以被电脑取代,是因为人脑能够同时处理不同的信息,这是一种大规模的并行处理系统,在提高单位时间内信息的处理量同时也增加了处理信息的复杂性。

③具有容错性:人脑的一大特性就是每时每刻都会有神经元细胞死去,但是人脑处理信息的结果却很少发生误差,这是因为人脑是一个高度连结的网络组织,在网络中,一个节点被破坏可以由其他节点代替,这种自动修正机制让这种模型很少发生大的误差,这点是现代计算机无法比拟的。

④具有自学习、自组织、自适应的能力:神经网络具有高度的容错能力和进行复杂计算的能力,这使得神经网络的模型可以适应更加复杂的环境,而且同时因为其自身可以产生无穷变化,所以创新如同搭积木一样简单。

(2)BP 神经网络的主要功能

目前,在人工神经网络的实际应用中。绝大部分的神经网络模型都采用 BP 神经网络及其变化形式。它也是前向网络的核心部分,体现了人工神经网络的精华。BP 网络主要用于以下四方面。

①函数逼近:用输入向量和相应的输出向量训练一个网络以逼近一个函数。

②模式识别:用一个待定的输出向量将它与输入向量联系起来。

③分类:对输入向量所定义的合适方式进行分类。

④数据压缩:减少输出向量维数以便传输或存储。BP 算法包括两个部分:信号的前向传播和误差的反向传播,即计算实际输出时按从输入到输出的方向进行,而权值和阈值修正时从输出到输入的方向进行[149-150]。

(3)BP 网络的优点以及局限性

BP 神经网络在函数的模拟上可以称为同行业的排头兵,甚至对非线性的函数也可做到无限逼近,展示了其强大的计算能力。BP 神经网络具有跟人脑一样的能力,就是联想推理,这种能力是因为神经网络能够在自己预先储存的信息基础上进行修正以适应环境,这种能力在实际应用中在推理性的工作上会大放光芒。并且,BP 神经网络因为能够模拟各种非线性函数,自然将所有非线性函数的种类囊括,因此在非线性分类上,可以获得巨大的突破,这是原来无法完成的。另外,BP 神经网络自身的运算就是一个可以寻找最优解的过程,这为函数的优化提供了解决方案,虽然这种优化有一些小问题,但是瑕不掩瑜,可以肯定这为许多问题提供了更加好的办法。

BP 网络的一大优点就是稳定性极高,但是稳定性高的代价就是学习效率低,使得训练速度很慢,无论是梯度下降法还是动量法,都不能使学习速度大跨步式的提高,从而提高训练速度,所以,目前递增训练的速度差强人意。虽然神经网络的运算方式非常强大,可以模拟任何函数包括各种复杂的非线性函数,但是在实际操作中,神经网络的计算方式可能走入死胡同而得不出理想的结果。相比于线性系统,如何确定适当的学习数量在非线性系统中是个复杂的问题,因为学习数量过高或过低这两种极端情况都会使得系统产生问题而成为系统的软肋,虽然目前神经网络本身是一个寻找最优的过程,但是却会因为局部达到最优而没有达到整体最优而获得不正确的解,因为在整个神经网络中,局部最优可能存在多个,而整体最优相反只有一个,这加大了网络运算得到最优解的难度,因为在不同的输入层,输入的初始的运算点不同,而这种计算流程的不同会得到不同的最优解,而更多的是局部最优解,这使得需要进行多次不同初始点的选择来进行多次运算,保证获得全局最优。

5.2.3　BP 神经网络算法公式推导

BP 神经网络算法的主要思想是将神经网络对样本数据的学习过程分为信号正向计算和误差后向传播过程两个阶段。即对于每个样本数据来说,都需要进行多次的前向计算和反向传播才能得到合适的神经网络模型来拟合样本里输入输出的非线性关系。

设有 N 个学习样本 (X^p,T^p),$p \in \{1,2,\cdots,N\}$,其中输入信号为 X^p,T^p 为 X^p 对应的目标输出。

对于每个学习样本来说,前向计算过程是将样本输入信号由输入层传输到神经网络的隐层进行计算,得到隐层各节点的输出,进而通过隐层各节点的输出得到输出层的实际输出 O^p,接着计算实际输出 O^p 和对应的目标输出 T^p 的误差函数值。当误差函数值满足要求精度时,则停止学习,即认为已经为当前学习样本集构造了合适的神经网络模型。当误差函数值不满足精度时,则需要进入误差的反向传播过程,即使用梯度下降法根据误差函数值调整 BP 神经网络中的连接权值和阈值,并根据调整后的连接权值和阈值再次进行前向计算,直到误差函数值满足精度为止。BP 神经网络由输入层、隐含层和输出层组成。图 5.3 为一个典型的三层 BP 神经网络,层与层直接采用全互连方式,同一层之间不存在相互连接,隐含层可以有一层或者多层。

图 5.3 中,x_j 为输入层第 j 个节点的输入,$j=(1,\cdots,M)$;w_{ij} 为隐含层第 i 个节点到输入层第 j 个节点之间的权值;θ_i 为隐含层第 i 个节点的阈值,$i=(1,\cdots,q)$;$\varphi(x)$ 为隐含层的激励函数;w_{ki} 为输出层第 k 个节点到隐含层第 i 个节点之间的权值;a_k 为输出层第 k 个节点的阈值,$k=(1,\cdots,L)$;$\psi(x)$ 为输出层的激励函数;o_k 为输出层第 k 个节点的输出。

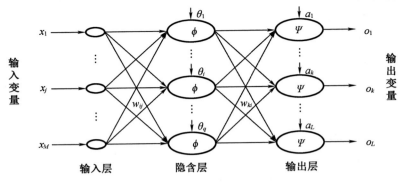

图 5.3　BP 神经网络结构

（1）信号的前向传播过程

隐含层第 i 个节点的输入 net_i：

$$\text{net}_i = \sum_{j=1}^{M} w_{ij} x_j + \theta_i \tag{5.8}$$

隐含层第 i 个节点的输出 y_i：

$$y_i = \varphi(\text{net}_i) = \varphi\left(\sum_{j=1}^{M} w_{ij} x_j + \theta_i \right) \tag{5.9}$$

输出层第 k 个节点的输入 net_k：

$$\text{net}_k = \sum_{i=1}^{q} w_{ki} y_i + a_k = \sum_{i=1}^{q} w_{ki} \varphi\left(\sum_{j=1}^{M} w_{ij} x_j + \theta_i \right) + \alpha_k \tag{5.10}$$

输出层第 k 个节点的输出 o_k：

$$o_k = \psi(\text{net}_k) = \psi\left(\sum_{i=1}^{q} w_{ki} y_i + a_k \right) = \psi\left[\sum_{i=1}^{q} w_{ki} \varphi\left(\sum_{j=1}^{M} w_{ij} x_j + \theta_i \right) + a_k \right] \tag{5.11}$$

（2）误差的反向传播过程

首先由输出层开始，逐层计算各层神经元的输出误差，然后，根据误差梯度下降法来调节各层的权值及阈值，使修改后的网络可以实现或逼近所希望的输入、输出映射关系。

对于每一个样本 p，其二次型误差准则函数为

$$E_P = \frac{1}{2} \sum_{k=1}^{L} (T_k^p - o_k^p)^2 \tag{5.12}$$

式中　T_k^p——第 p 个样本的第 k 个输出点的真实值；

　　　o_k^p——模型训练过程中第 p 个样本的第 k 个输出节点的输出值。

对 N 个训练样本的总误差准则函数为

$$E = \frac{1}{2} \sum_{p=1}^{N} \sum_{k=1}^{L} (T_k^p - o_k^p)^2 \tag{5.13}$$

令误差梯度下降法依次修正输出层权值的修正量 Δw_{ki}、输出层阈值的修正量 Δa_k、隐含层权值的修正量 Δw_{ij}、隐含层阈值的修正量 $\Delta \theta_i$，它们的求解算式分别如下：

$$\begin{cases} \Delta w_{ki} = -\eta \dfrac{\partial E}{\partial w_{ki}} = -\eta \dfrac{\partial E}{\partial \mathrm{net}_k} \dfrac{\partial \mathrm{net}_k}{\partial w_{ki}} = -\eta \dfrac{\partial E}{\partial o_k} \dfrac{\partial o_k}{\partial \mathrm{net}_k} \dfrac{\partial \mathrm{net}_k}{\partial w_{ki}} \\[2ex] \Delta a_k = -\eta \dfrac{\partial E}{\partial a_k} = -\eta \dfrac{\partial E}{\partial \mathrm{net}_k} \dfrac{\partial \mathrm{net}_k}{\partial a_k} = -\eta \dfrac{\partial E}{\partial o_k} \dfrac{\partial o_k}{\partial \mathrm{net}_k} \dfrac{\partial \mathrm{net}_k}{\partial a_k} \\[2ex] \Delta w_{ij} = -\eta \dfrac{\partial E}{\partial w_{ij}} = -\eta \dfrac{\partial E}{\partial \mathrm{net}_i} \dfrac{\partial \mathrm{net}_i}{\partial w_{ij}} = -\eta \dfrac{\partial E}{\partial y_i} \dfrac{\partial y_i}{\partial \mathrm{net}_i} \dfrac{\partial \mathrm{net}_i}{\partial w_{ij}} \\[2ex] \Delta \theta_i = -\eta \dfrac{\partial E}{\partial \theta_i} = -\eta \dfrac{\partial E}{\partial \mathrm{net}_i} \dfrac{\partial \mathrm{net}_i}{\partial \theta_i} = -\eta \dfrac{\partial E}{\partial y_i} \dfrac{\partial y_i}{\partial \mathrm{net}_i} \dfrac{\partial \mathrm{net}_i}{\partial \theta_i} \end{cases} \tag{5.14}$$

式中，η 表示学习过程中的学习数量。

又因为

$$\begin{cases} \dfrac{\partial E}{\partial o_k} = -\sum\limits_{p=1}^{N} \sum\limits_{k=1}^{L} (T_k^p - O_k^p) \\[2ex] \dfrac{\partial E}{\partial y_i} = -\sum\limits_{p=1}^{N} \sum\limits_{k=1}^{L} (T_k^p - O_k^p) \cdot \psi'(\mathrm{net}_k) \cdot \omega_{ki} \end{cases} \tag{5.15}$$

$$\begin{cases} \dfrac{\partial \mathrm{net}_k}{\partial w_{ki}} = y_i ; \quad \dfrac{\partial \mathrm{net}_k}{\partial a_k} = 1 ; \quad \dfrac{\partial \mathrm{net}_i}{\partial w_{ij}} = x_j \\[2ex] \dfrac{\partial \mathrm{net}_i}{\partial \theta_i} = 1 ; \quad \dfrac{\partial y_i}{\partial \mathrm{net}_i} = \varphi'(\mathrm{net}_i) ; \quad \dfrac{\partial o_k}{\partial \mathrm{net}_k} = \psi'(\mathrm{net}_k) \end{cases} \tag{5.16}$$

因此得到

$$\begin{cases} \Delta w_{ki} = \eta \sum\limits_{p=1}^{N} \sum\limits_{k=1}^{L} (T_k^P - o_k^P) \cdot \psi'(\mathrm{net}_k) \cdot y_i \\[2ex] \Delta a_k = \eta \sum\limits_{p=1}^{N} \sum\limits_{k=1}^{L} (T_k^P - o_k^P) \cdot \psi'(\mathrm{net}_k) \\[2ex] \Delta w_{ij} = \eta \sum\limits_{p=1}^{N} \sum\limits_{k=1}^{L} (T_k^P - o_k^P) \cdot \psi'(\mathrm{net}_k) \cdot w_{ki} \cdot \varphi'(\mathrm{net}_k) \cdot x_j \\[2ex] \Delta \theta_i = -\eta \sum\limits_{p=1}^{N} \sum\limits_{k=1}^{L} (T_k^P - o_k^P) \cdot \psi'(\mathrm{net}_k) \cdot w_{ki} \cdot \varphi'(\mathrm{net}_k) \end{cases} \tag{5.17}$$

5.2.4　BP 神经网络计算步骤

BP 神经网络的学习过程为:输入带有标签的学习样本,用反向传播算方法对网络的权值和偏差进行反复调整,以实现或逼近所希望的输入、输出映射关系,当输出误差小于给定的误差限值或达到设定的训练次数时结束训练,保存各层的权值和偏差,即得到训练好的神经网络[151]。BP 神经网络训练流程图如图 5.4 所示,具体学习过程如下。

step1:BP 神经网络初始化。设置输入和输出神经元个数、隐含层个数、误差限、最大迭代次数、激活函数、误差函数,以均值等于 0 的均匀分布随机挑选突触权值。

step2:随机选取一个输入样本及对应期望输出。

step3：计算隐含层各神经元的输入和输出，确定隐含层神经元的个数。隐含层神经元的个数与输入输出神经元的多少有直接关系，隐含层神经元个数的选择可根据 Kolmogorov 定理，即映射网络存在定理。该定理描述为：给定任意一个连续函数 f，f 可以精确地用一个三层前向网络实现，此网络的第一层（即输入层）有 n 个处理单元，第二层（及隐含层）有 $2n+1$ 个处理单元，第三层（即输出层）有 m 个处理单元。

step4：利用网络期望输出和实际输出，计算误差函数对输出层的各神经元的偏导数。

step5：利用隐含层到输出层的连接权值、各神经元的偏导数和隐含层的输出，计算误差函数对隐含层各神经元的偏导数。

step6：利用输出层各神经元的偏导数和隐含层各神经元的输出来修正连接权值。

step7：利用隐含层各神经元的偏导数和输入层各神经元的输入修正连接权。

step8：计算全局误差。

step9：判断是否满足要求。若网络达到预设精度或学习次数大于设定的最大次数，则结束算法。否则，选取下一个学习样本及对应的期望输出，返回到第三步，进入下一轮学习。

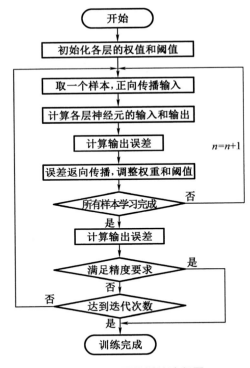

图 5.4 BP 网络训练流程图

5.3　仿真数据故障诊断

在提升机的运行过程中,制动器的弹簧、制动缸体、活塞及其密封圈等重要部件长期处于高负载工况下工作,其性能必然会逐渐退化,直至出现故障,本节将对制动器无故障、弹簧刚度减小早期故障、弹簧刚度减小一般故障、摩擦因数下降故障以及液压油中进入空气共五种故障进行仿真和诊断。

5.3.1　故障样本仿真

利用本书第 3 章搭建的仿真平台,分别设置对应的功能模块数据变化进行制动系统正常和各类故障仿真,得到制动系统在恒减速制动时的压力-时间数据并将其作为数据样本[152]。仿真时设置:提升机在重载提升工况开始制动,制动时的运行速度为 10 m/s,减速度设定为 3.5 m/s²,仿真时间为 3 s,采样频率采用系统默认频率。每种故障仿真 128 组样本数据。

5.3.2　故障样本特征参数提取

(1)备选特征集合计算与特征选择

根据第 4 章 4.1.1 节介绍的方法提取各样本的 29 个特征参数,利用公式(5.1)~(5.5)计算各特征参数的类间平均距离、类间-类内综合距离、Fisher 得分、数据方差以及相关系数,然后根据特征综合评价方法,利用公式(4.5)计算各个特征的综合得分。各特征参数的评价指标与综合评价得分计算结果如表 5.1 所示。

表 5.1　特征参数的评价指标与综合评价得分

特征参数名称	相关系数	类间平均距离	类间-类内综合距离	Fisher 得分	数据方差	综合得分
P_{98}	0.998 8	0.702 1	0.533 5	0.079 3	0.297 6	0.516 2
P_{95}	0.873 1	1.000 0	1.000 0	1.000 0	0.107 9	0.898 1
P_{92}	0.858 4	0.455 8	0.188 5	0.009 9	0.112 2	0.292 3
P_{90}	0.893 8	0.565 6	0.193 2	0.035 8	0.002 3	0.324 4
P_{80}	0.599 0	0.619 5	0.116 9	0.013 6	0.224 0	0.305 9
P_{50}	0.579 8	0.657 7	0.116 5	0.013 7	0.282 7	0.321 3
$\bar{x}$	0.694 9	0.630 1	0.146 7	0.014 2	0.090 2	0.314 4
x_g	0.632 3	0.623 4	0.121 3	0.013 8	0.177 8	0.307 2

表 5.1(续)

特征参数名称	相关系数	类间平均距离	类间-类内综合距离	Fisher 得分	数据方差	综合得分
H_n	0.964 6	0.778 0	0.426 7	0.219 1	1.000 0	0.601 7
r	0.991 8	0.376 7	0.135 3	0.001 9	0.309 1	0.284 0
$\bar{x}_x$	0.850 2	0.619 3	0.183 2	0.011 9	0.027 7	0.330 9
S_f	0.775 4	0.913 8	0.205 9	0.018 8	0.193 5	0.436 6
C_f	0.839 2	0.621 6	0.156 5	0.006 1	0.466 7	0.365 2
K_f	1.000 0	0.723 6	0.356 9	0.059 2	0.017 9	0.437 8
CL_f	0.909 0	0.871 4	0.516 6	0.622 5	0.840 0	0.715 8
M_2'	0.927 4	0.715 4	0.288 3	0.064 3	0.000 0	0.406 7
M_3'	0.845 5	0.926 4	0.258 9	0.034 7	0.105 2	0.457 6
M_4'	0.880 4	0.890 5	0.271 4	0.053 9	0.057 5	0.453 1
M_5'	0.819 2	0.911 5	0.243 1	0.045 0	0.114 4	0.448 7
M_6'	0.812 0	0.875 7	0.240 1	0.055 6	0.107 2	0.437 8
M_7'	0.772 1	0.891 5	0.229 2	0.053 0	0.152 0	0.439 2
$E_{3.0}$	0.831 7	0.676 3	0.232 2	0.036 0	0.386 5	0.401 6
$E_{3.1}$	0.480 2	0.444 4	0.017 0	0.000 4	0.205 9	0.207 1
$E_{3.2}$	0.869 8	0.383 5	0.040 4	0.000 0	0.351 7	0.249 3
$E_{3.3}$	0.904 0	0.445 7	0.052 3	0.000 0	0.266 3	0.266 5
$E_{3.4}$	0.840 7	0.278 2	0.034 5	0.000 2	0.230 9	0.201 0
$E_{3.5}$	0.322 4	0.000 0	0.000 0	0.000 2	0.402 8	0.072 6
$E_{3.6}$	0.195 5	0.172 9	0.025 2	0.000 5	0.324 8	0.111 5
$E_{3.7}$	0.000 0	0.659 9	0.205 6	0.003 7	0.397 5	0.300 1

从表 5.1 中可以看出：某个特征参数的类间平均距离、类间-类内综合距离、Fisher 得分、数据方差以及相关系数指标大多相互竞争，基于某个单一评价指标难以获得较优的特征参数，而是需要折中考虑多个评价指标。

根据特征综合评价方法计算出各个特征参数的综合得分后，由判别函数式(4.6)判断每一个特征参数是否为优选特征参数，本书特征优选阈值为 0.4。共选择出 14 个特征参数，分别是百分位数 P_{98}、P_{95}，调和平均数 H_n，波形指标 S_f，峰值指标 C_f，峭度指标 K_f，裕度指标 CL_f，二至七阶的中心矩特征 M_2'、M_3'、M_4'、M_5'、M_6'、M_7' 以及小波包分解第三层第 1 个归一化子带能量 $E_{3.0}$，得到优选特征参数集参数仍然较多，还需要进一步进行特征降维。优选特征参数集进行主成分分析得到的主成分贡献率碎石图如图 5.5 所示,前三个主成分的可视图如图 5.6 所示。

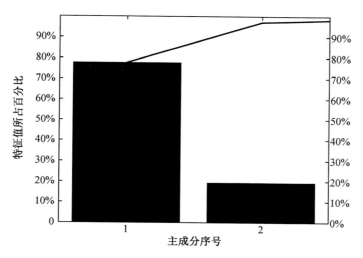

图 5.5　特征参数优选后主成分分析碎石图

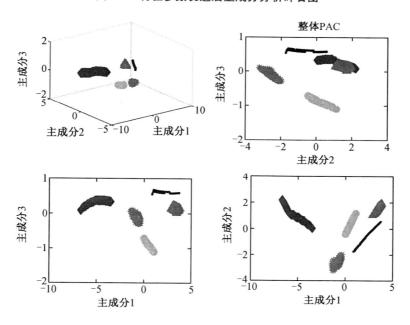

图 5.6　特征参数优选后前三个主成分可视图

从图 5.5 可以看出,优选特征参数集经过主成分分析后,前两个主成分方差贡献率总和大于 95%,因此,本书选取前两个主成分作为样本的特征向量;从图 5.6 可以看出,各种故障区分度比较好,说明特征参数的提取、优选及降维达到很好的效果,有利于下一步的故障诊断。

5.3.3　BP 神经网络故障诊断

在神经网络进行故障诊断时,选择 3 层 BP 神经网络,输入层个数为特征向量的个数,输出层个数为一个,其中 1 代表无故障,2 代表弹簧刚度减小早期故障,3 代表弹簧刚度减小一般故障,4 代表弹摩擦因数减小故障,5 代表液压油中进入空气故障,选择"sigmad"激活函数、"trainrp"训练函数,隐含层神经元个数根据 Kolmogorov 定理选择为 5 个,最大迭代次数 1 000,最小误差 0.000 1。每种故障 128 组样本中,随机抽取 100 组作为训练样本,其余 28 组作为测试样本。那么共有 500 组训练数据,140 组测试数据。归一化处理后的部分训练样本与测试样本的特征向量及故障类型分别如表 5.2 和表 5.3 所示,神经网络测试结果如图 5.7 所示。

表 5.2　BP 神经网络的部分训练样本

样本编号	输入特征向量		输出值	故障名称
	第一主成分	第二主成分		
1	−0.590 6	−2.747 4	1	正常
2	−0.530 9	−2.611 7	1	正常
129	−1.277 0	−2.867 8	2	弹簧刚度早期减小
130	−4.738 9	0.736 4	2	弹簧刚度早期减小
257	1.618 4	−1.107 4	3	弹簧刚度减小
258	1.548 1	−1.175 9	3	弹簧刚度减小
384	2.679 4	−0.191 5	4	摩擦因数减小
385	0.245 2	−0.194 8	4	摩擦因数减小
513	0.536 0	0.318 6	5	液压油中进入空气
514	3.474 3	1.712 7	5	液压油中进入空气

表 5.3　BP 神经网络的部分测试样本

样本编号	输入特征向量		输出值	故障名称
	第一主成分	第二主成分		
127	−0.831 1	−2.458 1	1	正常
128	−1.054 1	−2.893 3	1	正常
255	−6.057 5	1.330 3	2	弹簧刚度早期减小
256	−6.036 6	1.298 8	2	弹簧刚度早期减小
382	2.419 3	−0.398 4	3	弹簧刚度减小
383	2.189 2	−0.584 5	3	弹簧刚度减小
511	0.783 0	0.688 3	4	摩擦因数减小

表5.3(续)

样本编号	输入特征向量		输出值	故障名称
	第一主成分	第二主成分		
512	0.801 7	0.715 7	4	摩擦因数减小
639	2.940 0	1.140 3	5	液压油中进入空气
640	3.091 9	1.316 7	5	液压油中进入空气

从图 5.7 中可以看出,1~28 样本诊断为无故障,29~56 样本诊断为弹簧刚度早减小故障,57~84 样本诊断为弹簧刚度减小故障,85~112 样本诊断摩擦因数减小故障,113~140 样本诊断为液压油中进入空气故障。诊断出的故障类别均与测试故障类别一致,说明该诊断方法准确有效。从误差曲线可以看出,BP 神经网络仅需七次迭代就达到目标误差,均方误差为 0.000 501 45,表明特征优选后用 BP 神经网络进行故障诊断有精确的故障识别能力。

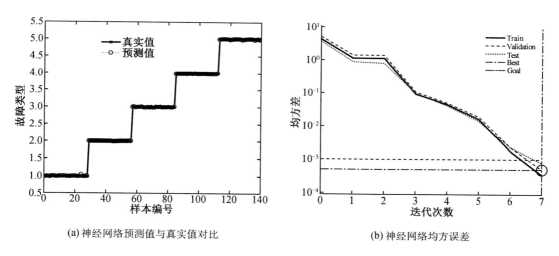

(a) 神经网络预测值与真实值对比　　　　　(b) 神经网络均方误差

图5.7　特征参数优选后神经网络测试结果

为对比本书提出的特征优选方法的有效性和实用性,使用同样的故障数据,采用不进行特征优选的备选特征集进行主成分分析后作为特征向量,用 BP 神经网络进行故障诊断与优选后的特征集进行主成分分析,然后用 BP 神经网络进行故障诊断做比较,特征优选前主成分分析的碎石图、主成分的可视图以及 BP 神经网络的诊断结果分别如图 5.8、图 5.9 和图 5.10 所示。

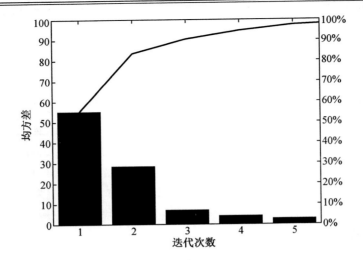

图 5.8　特征参数优选前主成分分析碎石图

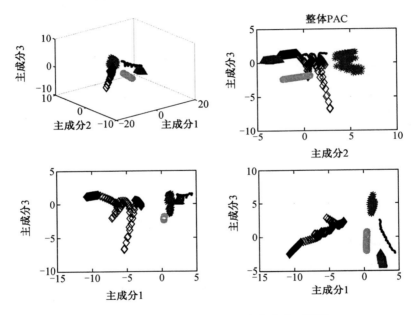

图 5.9　特征参数优选前前三个主成分可视图

从特征参数优选前后对应的碎石图可以看出:特征优选前需要 5 个主成分才能使方差贡献率总和大于 95%,而优选后仅需 2 个主成分就可以使方差贡献率总和大于 95%。

从特征参数优选前后三个主成分可视图可以看出:优选前各故障样本比较分散,存在少数故障样本不能区分的问题,优选后故障样本间的区分度较好。

从特征参数优选前后神经网络测试结果对比可以看出:特征参数优选前 BP 神经网络的诊断准确率 98.68%,优选后准确率 100%;优选前 BP 神经网络需要 28 次迭代才能达到目标误差,均方误差为 0.002,优选后 BP 神经网络仅需 7 次迭代就达到目标误差,均方误差为 0.000 5。

通过以上对比分析,证明了本书提出的特征优选方法的可靠性和实用性。

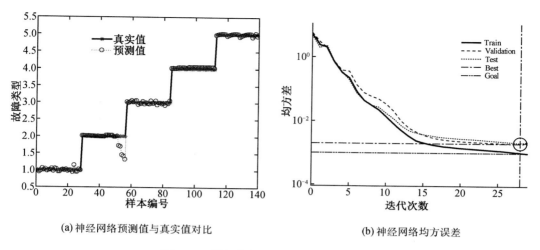

(a) 神经网络预测值与真实值对比　　　　　　　(b) 神经网络均方误差

图 5.10　特征参数优选前神经网络测试结果

5.4　实例验证

为了使本章实例验证更具可信性,本章实例验证仍然采用上一章性能退化评估采集到的数据。在上一章制动系统性能退化评估中共采集到 24 组样本,这 24 组样本分别是制动系统在健康状态下的压力−时间数据 8 组,以及分别有一、二、三、四个制动器在合闸过程中回油管闸阀的开度减小和开闸状态下,恒减速制动时压力−时间数据各两组。上一章利用这些数据进行了性能退化评估,从性能退化评估结果可以看出,第 13 组数据性能指标低于自适应报警阈值,第 14 组数据性能指标波动返回到自适应阈值以上,从第 15 组数据开始性能指标逐渐下降到零。根据故障诊断的触发原则,从第 13 组就应该启动故障诊断程序,诊断引起性能退化的原因和程度。

上一章采集到的 24 组数据均为制动系统正常或不同数量的制动器不合闸或合闸过程中管路中的闸阀开度减小来模拟不同程度的制动系统性能降低,因此这些数据实际上是一种故障,但其故障严重程度不同,根据安全制动测试试验采集数据时是否设置故障和故障的严重程度,以及性能评估后得到的制动系统的性能指标,选择前 8 组数据作为无故障的数据样本,9~14 组数据为弱故障样本,15~19 组为中期故障样本,20~24 组为严重故障样本。

5.4.1　特征参数提取、优选及降维

根据第 4 章 4.1.1 节介绍的方法提取各样本的 29 个特征参数组成备选参数集,然后利用公式(5.1)~(5.5)计算各特征参数的类间平均距离、类间−类内综合距离、Fisher 得分、数据方差以及相关系数,再后根据特征综合评价与选择方法,利用第 4 章公式(4.5)计算各个特征的综合得分。各特征参数的评价指标与综合评价指标计算如表 5.4 所示。

表 5.4　特征参数的评价指标与综合评价得分

特征参数名称	类间平均距离	类间-类内综合距离	Fisher 得分	相关系数	数据方差	综合得分
P_{98}	0.182 5	0.061 9	0.005 9	0.481 5	0.216 4	0.144 3
P_{95}	0.572 5	0.384 9	0.179 3	0.866 3	0.031 1	0.412 8
P_{92}	0.590 0	0.769 6	0.789 6	0.887 2	0.000 0	0.654 5
P_{90}	0.739 5	1.000 0	1.000 0	0.947 0	0.010 8	0.817 6
P_{80}	0.944 1	0.857 8	0.307 1	0.983 6	0.559 4	0.756 3
P_{50}	1.000 0	0.894 3	0.359 6	0.962 9	0.622 3	0.798 7
$\bar{x}$	0.922 7	0.835 4	0.255 2	0.995 6	0.513 8	0.729 4
x_{g}	0.923 5	0.830 4	0.261 7	0.993 0	0.513 1	0.729 1
H_{n}	0.915 5	0.796 9	0.288 4	0.986 3	0.479 1	0.718 0
r	0.332 5	0.134 1	0.019 9	0.289 2	0.230 8	0.196 0
$\bar{x}_x$	0.918 2	0.833 0	0.256 0	0.997 1	0.499 9	0.726 3
S_{f}	0.094 1	0.054 1	0.007 8	0.233 3	0.153 0	0.084 7
C_{f}	0.730 4	0.530 9	0.231 4	0.885 2	0.729 3	0.586 1
K_{f}	0.921 5	0.837 5	0.332 2	1.000 0	0.399 8	0.734 1
CL_{f}	0.910 2	0.855 1	0.379 9	0.925 2	1.000 0	0.798 1
M'_2	0.722 5	0.507 2	0.274 8	0.972 3	0.080 1	0.529 1
M'_3	0.867 7	0.763 6	0.213 4	0.969 2	0.997 4	0.728 7
M'_4	0.894 6	0.737 8	0.221 1	0.997 6	0.464 5	0.680 2
M'_5	0.919 5	0.809 7	0.258 6	0.994 8	0.994 4	0.769 4
M'_6	0.954 0	0.838 3	0.306 6	0.997 3	0.451 2	0.743 9
M'_7	0.982 6	0.879 6	0.355 5	0.997 3	0.990 6	0.828 5
$E_{3.0}$	0.928 9	0.845 8	0.308 1	0.998 0	0.972 7	0.791 1
$E_{3.1}$	0.188 1	0.100 7	0.016 2	0.389 8	0.182 1	0.147 1
$E_{3.2}$	0.000 0	0.000 0	0.000 0	0.089 9	0.315 5	0.040 5
$E_{3.3}$	0.022 7	0.013 8	0.003 3	0.143 6	0.341 0	0.060 0
$E_{3.4}$	0.171 6	0.096 8	0.015 8	0.362 2	0.321 0	0.151 9
$E_{3.5}$	0.498 8	0.264 0	0.105 4	0.495 8	0.273 4	0.326 8
$E_{3.6}$	0.305 4	0.196 6	0.035 6	0.371 6	0.376 9	0.232 6
$E_{3.7}$	0.143 1	0.099 5	0.010 7	0.000 0	0.585 1	0.133 5

　　计算出各个特征参数的综合得分后,由第 4 章的判别准则式(4.6)判断每一个特征参数是否为优选特征参数,本书实验数据的特征优选阈值为 0.7。共选择出 14 个特征参数,分别是百分位数 P_{92}、P_{90}、P_{80}、P_{50},均值 $\bar{x}$,均方根值 $\bar{x}_x$,几何平均数 x_{g},调和平均数 H_{n},峭度指标 K_{f},裕

度指标 CL_f 三、五、六、七阶的中心矩特征 M_3'、M_5'、M_6'、M_7' 以及小波包分解第三层第 1 个归一化子带能量 $E_{3,0}$。得到优选特征参数集参数仍然较多，还需要进一步进行特征降维。特征参数优选前后主成分分析得到的前三个主成分的可视图分别如图 5.11 和 5.12 所示。

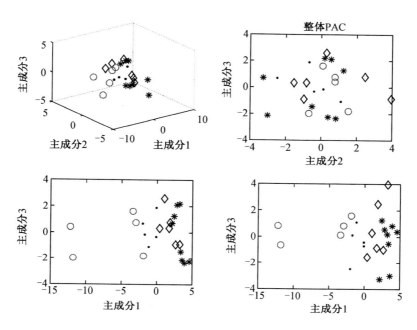

图 5.11　特征参数优选前前三个主成分可视图

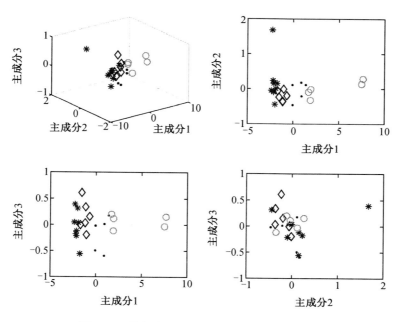

图 5.12　特征参数优选后前三个主成分可视图

从图 5.11 和图 5.12 可以看出,特征优选前故障类内的聚类效果不好,类间的区分度也不好;特征优选后不仅类内聚类效果明显提高,而且类间区分度也比优选前好。

5.4.2 BP 神经网络故障诊断

在神经网络进行故障诊断时,选择 3 层 BP 神经网络,故障类别中 1 代表无故障,2、3、4 分别代表早期微小故障、中度故障及故障;选择"sigmad"激活函数,"trainrp"训练函数,输入层神经元个数为 3 个,输出层神经元个数为 1 个,隐含层神经元个数根据 Kolmogorov 定理选择为 7 个,最大迭代次数 1 000,最小误差 0.000 1,由于故障样本较少,每种故障仅选 1 组样本作为测试样本,其余作为训练样本。神经网络训练完成后分别用测试样本和训练样本测试神经网络,测试结果分别如图 5.13 和 5.14 所示。

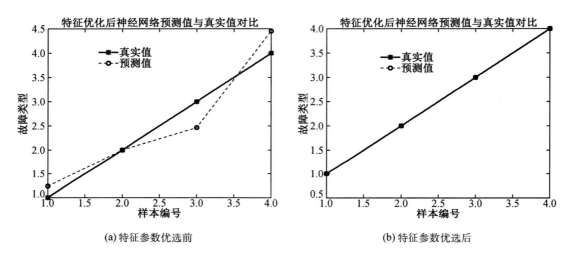

图 5.13　测试样本测试结果

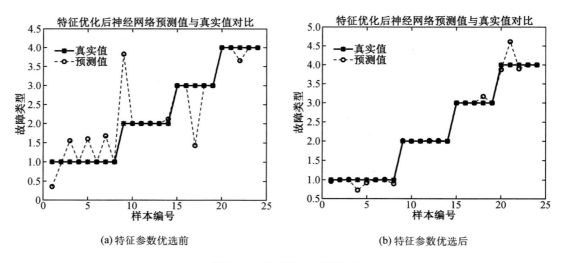

图 5.14　训练样本测试结果

从图 5.13 可以看出,特征优选后测试样本的准确率为 100%,特征优选前测试样本的诊断准确率为 75%;从图 5.14 可以看出,特征优选前神经网络故障程度的诊断错误率为 5/24,特征优选后神经网络可以诊断出各样本的故障程度。本小节通过实例验证了本书提出的特征选取与故障诊断方法的实用性和可靠性。

5.5　本 章 小 结

故障诊断效果的好坏不仅取决于所选取的智能算法,特征信息的选取也是很重要的因素。本书选取安全制动测试试验的数据,首先提取特征参数组成备选特征集合;然后提出一种综合特征参数的评价方法,对这些特征参数进行评价,选择故障灵敏度高的特征参数组成样本的特征向量,用主成分分析进行进一步的特征降维,最后用 BP 神经网络进行故障诊断。本章主要工作:

(1)本章提出一种基于类间平均距离、类间-类内综合距离、Fisher 得分、数据方差以及相关系数的故障诊断特征选取方法:首先定义了类间平均距离、类间-类内综合距离、Fisher 得分、数据方差以及相关系数,然后计算每个特征参数的综合得分,之后根据特征优选判据选取故障敏感度高的特征,最后用主成分分析降维,并用 BP 神经网络进行故障诊断。

(2)提出利用安全制动测试试验数据,提取特征进行制动系统故障诊断的方法。仅利用压力传感器采集到的连续信号,就能获取故障诊断的特征参数,克服了多传感器的信号不同步、特征参数不能精确获取的问题;仅压力传感器采集的信号能代表制动系统的整体性能,可以对制动系统各种故障及其严重程度进行诊断,尤其是可以检测出不容易监测的摩擦因数减小故障。

(3)利用仿真和实验数据证明了所提出方法的可靠性和实用性。

第6章　基于 TLFCA-BPNN 的制动系统性能退化评估方法研究

本书第 4 章和第 5 章利用定期检测的安全制动测试试验数据,进行了制动系统性能退化评估和故障诊断方法研究。本章将基于提升机制动系统运行状态监测数据,研究基于多传感器信息融合技术的性能退化评估方法。

目前,提升机性能退化评估实施标准均由国家标准、行业标准或国际标准等权威机构发布,这些评估标准可以称为阈值或极限评估标准,都是针对单一参数或单一传感器的数据,缺乏对系统和整体提升机的评估。本章将基于多传感器的监测数据和《煤矿安全规程》,提出一种基于多传感器的三级模糊综合评判与 BP 神经网络结合(three-level fuzzy comprehensive assessment and back-propagation neural network,TLFCA-BPNN)的矿井提升机制动系统性能指标评估方法[153],目的是把制动系统多维的运行状态信息融合为一个直观表示系统性能退化程度的指标,让操作和管理人员能更直接了解制动系统性能状态、更快速地进行性能退化参数的查找和定位,便于设备的操作和维护决策。

本章研究制动系统在性能退化过程中的性能指标,即满足《煤矿安全规程》规定运行状态的性能指标,定义的性能指标在[0,1]范围内,1 表示性能良好,设备在最佳状态下运行,0 表示性能严重退化,达到《煤矿安全规程》规定的极限值。

由于大型深井提升机的制动系统往往配置数量众多的传感器,为便于解释提升机性能退化计算过程,本书实例部分选用传感器数量较少的一个试验台进行介绍,对于多传感器的制动系统应用时,照此方法继续分层就可实现。

6.1　模糊综合评判基本理论

6.1.1　模糊综合评判法

模糊,是指在论域上不能区分界限,其边界不清楚。在现实生活中,有许多的概念都是模糊的,比如高、矮、胖、瘦,就没有明确的界限。可能有人认为身高 175~180 cm 的男性是中等身高,但也有人认为是高的身材,而这种感受又都是正确的,可见这样的界限往往是不清楚的。1965 年,模糊数学的创立者——美国自动控制专家扎德(L. A. Zadeh)教授创立了一门具有创新理论和独特方法的新兴学科,既模糊数学。模糊数学的创立冲破了精确数学的局限性,使客观世界中存在着的模糊性现象能够得以巧妙地处理,显示出强大的生命力和渗透力。模糊综合层次分析法作为模糊数学的一个分支,同样得到了广泛的运用[154-157],模糊综合评判(fuzzy comprehensive assessment,FCA)方法是一种以模糊数学为基础的方法,能把定性问题做定量化处理,把一个复杂事物或系统分解为很多因素和层次,最后再进行一个综合的整体评价,FCA 方法使方案选优以及决策建立在量的比较基础上,从而使以它作为基础开发的计算机辅助论证系统更具科学性[158-161]。

模糊评判的基本思想是利用模糊变换原理和最大隶属度原则,考虑与被评估事物相关的各个因素,将各项指标统一量化,并根据不同指标对评判对象的影响程度来分配权重,从而对评判对象做出合理的综合评估[162-165]。汪培庄在 1980 年提出了应用模糊矩阵进行综合评判的设想模型;1983 年后,陈永义、刘云丰、汪培庄对模型进行了几种改进,目前,FCA方法在实践中得到了广泛的应用[165-167]。模糊综合评判法一般包括 3 个部分,分别是:确定评估因素集、确定评估等级以及单因素评判。在整个 FCA 中,占有相当重要位置的是模糊关系矩阵以及因素的权重分配矩阵[169-170]。在对复杂系统进行综合评判时,由于评判因素很多,而且每个因素都要赋予一定的权数,很可能出现①难以确定适当的权重;②得不到有意义的评估结果等问题。对于这样的问题可以使用多级 FCA,即把因素按适当的准则分成几层,先对最底层的每一类进行 FCA,得到上一层的评判矩阵;然后再对上一层的每一类进行 FCA,得到更上一层的评判矩阵,以此类推,直到得到最终问题的评判结果[171]。其中二级 FCA 步骤如下,多级评判在二级方法的基础上继续细分。

step1:确定与被评估事物相关的因素集,用 U 表示:

$$\begin{cases} U = [U_1, U_2, \cdots, U_s] \\ U_i = [U_{i1}, U_{i2}, \cdots, U_{ik_i}] \\ \text{s. t. } \sum_{i=1}^{s} k_i = n \\ \text{s. t. } (\forall i, j)(i \neq j \rightarrow U_i \cap U_j = \varnothing) \end{cases} \tag{6.1}$$

式中　U_i——第 i 个因素类;

　　　U_{ij}——第 i 个因素类中的第 j 个因素;

　　　s——因素类的个数;

　　　k_i——第 i 个因素类中的因素个数;

　　　n——因素总数。

step2:确定所有可能出现的评判集,用 V 表示:

$$V = [V_1, V_2, \cdots, V_l] \tag{6.2}$$

式中　V_l——第 l 个评判因素;

　　　m——评判的个数。

step3:确定权重集

①因素类的权重集,用 W 表示:

$$
\begin{cases}
W = [W_1, W_2, \cdots, W_s] \\
\text{s. t.} \ \sum_{i=1}^{s} W_i = 1
\end{cases}
\tag{6.3}
$$

式中 W_i——第 i 个因素类 U_i 的权重。

②因素的权重集,用 ω_i 表示:

$$
\begin{cases}
\omega_i = [\omega_{i1}, \omega_{i2}, \cdots, \omega_{ik_i}] \\
\text{s. t.} \ \sum_{j=1}^{k_i} \omega_{ij} = 1
\end{cases}
\qquad i = 1, 2, \cdots, s
\tag{6.4}
$$

式中 ω_{ij}——因素 U_{ij} 的权重。

step4:确定因素子集 U_i 和评估集 V_i 之间的模糊关系,用评估矩阵 R_i 表示为

$$
R_i =
\begin{bmatrix}
R_{11}^i & R_{12}^i & \cdots & R_{1m}^i \\
R_{21}^i & R_{22}^i & \cdots & R_{2m}^i \\
\vdots & \vdots & \vdots & \vdots \\
R_{k_i1}^i & R_{k_i2}^i & \cdots & R_{k_im}^i
\end{bmatrix}
\tag{6.5}
$$

式中 R_{jl}^i——第 i 个因素类中第 j 个因素对第 l 个评判因素的转换值。

step5:应用模糊矩阵复合运算得到因素类模糊综合评判值,因素类模糊综合评判值用 FCAV_i 表示:

$$
\text{FCAV}_i = \omega_i \circ R_i = (\text{FCAV}_{i1}, \text{FCAV}_{i2}, \cdots, \text{FCAV}_{il}), \qquad i = 1, 2, \cdots, s
\tag{6.6}
$$

式中 "∘"——模糊算子;

FCAV_{il}——第 i 个因素类对第 l 个评判因素的综合评判值,$\text{FCAV}_{il} = \sum_{j=1}^{k_i} (\omega_{ij} \cdot R_{jl}^i)$,

$l = 1, 2, \cdots, m$。

step6:确定论域 U 和评估论域 V 之间的模糊关系,用评估矩阵 R 表示为

$$
R =
\begin{bmatrix}
\text{FCAV}_1 \\
\text{FCAV}_2 \\
\vdots \\
\text{FCAV}_s
\end{bmatrix}
=
\begin{bmatrix}
\text{FCAV}_{11} & \text{FCAV}_{12} & \cdots & \text{FCAV}_{1l} \\
\text{FCAV}_{21} & \text{FCAV}_{22} & \cdots & \text{FCAV}_{2l} \\
\vdots & \vdots & \vdots & \vdots \\
\text{FCAV}_{s1} & \text{FCAV}_{s2} & \cdots & \text{FCAV}_{sl}
\end{bmatrix}
\tag{6.7}
$$

step7:应用模糊矩阵复合运算法则得到因素集的模糊综合评判值,因素集的模糊综合评判值用 FCAV 表示:

$$
\text{FCAV} = W \circ R = (\text{FCAV}^1, \text{FCAV}^2, \cdots, \text{FCAV}^l)
\tag{6.8}
$$

式中 "∘"——模糊算子;

FCAV^l——第 l 个评判因素的综合评判值。

6.1.2 模糊集运算中的算子

(1)$a \vee b = \max(a, b)$,$a \wedge b = \min(a, b)$

（2）$a \oplus b = \min(a+b, 1)$，$a \odot b = \max(0, a+b-1)$

（3）$a+b = a+b-ab$，$a \cdot b = ab$

6.1.3　FCA 中常用的模糊算子"。"

在模糊综合评判的计算过程中，模糊算子"。"一般有 4 种不同计算方法。

（1）主因素决定型 $M(\wedge, \vee)$ 算子

$$b_{ij} = \bigvee_{i=1}^{n}(a_i \wedge r_{ij}) = \max\{\min[a_1, r_{1j}], \min[a_2, r_{2j}], \cdots, \min[a_n, r_{nj}]\}, j = 1, 2, \cdots, m$$

该方法有以下特点：

①取小运算"$\wedge$"是在 a_i 和 r_{ij} 中取较小值。当 a_i 或 r_{ij} 作为上限时，都有可能丢失主要因素的影响。

②取大运算"$\vee$"是在的 a_i 和 r_{ij} 的小者中取最大值，这又会丢失大量信息。

（2）主因素突出型 $M(\cdot, \vee)$ 算子

$$b_{ij} = \bigvee_{i=1}^{n}(a_i \cdot r_{ij}) = \max_{1 \le i \le n}\{a_i \cdot r_{ij}\}, j = 1, 2, \cdots, m$$

$a_i \cdot r_{ij}$ 可以避免所有信息的丢失，然而取大运算"$\vee$"计算却会让一些有用的信息再一次丢失。

（3）取小上界和型 $M(\wedge, \oplus)$ 算子

$$b_{ij} = \bigoplus_{i=1}^{n}(a_i \wedge r_{ij}) = \min\left\{1, \sum_{i=1}^{n}(a_i \cdot r_{ij})\right\}, j = 1, 2, \cdots, m$$

该方法在取小运算"$\wedge$"中，仍然会丢失大量信息；当 a_i 和 r_{ij} 取值较大时，b_{ij} 有可能取上限 1。

（4）加权平均型 $M(\cdot, +)$ 算子

$$b_{ij} = \sum_{i=1}^{n}\left(a_i \cdot r_{ij}\right), j = 1, 2, \cdots, m$$

该方法不仅考虑了所有因素的影响，还保留了单因素评判的全部信息。该方法优点显著，得到的效果较好。因此，本书的模糊综合评判采用加权平均型来计算。

6.1.4　隶属度函数

扎德（L. A. Zadeh）教授指出：若对论域（研究的范围）U 中的任一元素 x ，都有一个数 $A(x) \in [0, 1]$ 与之对应，则称 A 为 U 上的模糊集，$A(x)$ 称为 x 对 A 的隶属度。当 x 在 U 中变动时，$A(x)$ 就是一个函数，称为 A 的隶属函数。隶属度 $A(x)$ 越接近于 1，表示 x 属于 A 的程度越高，$A(x)$ 越接近于 0，表示 x 属于 A 的程度越低。用取值于区间 $[0, 1]$ 的隶属函数 $A(x)$ 表征 x 属于 A 的程度高低，这样描述模糊性问题比起经典集合论更为合理。

（1）确立隶属度函数的常用方法

隶属度函数是模糊控制的应用基础，是否正确地构造隶属度函数是能否用好模糊控制的关键之一。一个好的隶属度函数不仅应该符合模糊概念的发展规律，而且应该表现出客

观世界中模糊特性的渐变性。隶属度函数的确立本质上说是客观的,但由于每个人对于同一个模糊概念的认识和理解又有差异,因此,隶属度函数的确立又带有主观性。

隶属度函数的确立还没有一套成熟有效的方法,大多数系统的确立方法还停留在经验和实验的基础上。对于同一个模糊概念,不同的人会建立不完全相同的隶属度函数,尽管形式不完全相同,但只要能反映同一模糊概念,在解决和处理实际模糊信息的问题中就能殊途同归。以下是几种常用的隶属度函数确定方法。

①专家经验法

这种方法主要是根据专家的实际经验,然后根据必要的实际数据处理来确定隶属度函数。通常先根据专家的经验初步确定隶属度函数,再通过后续的实践检验逐步调整隶属度函数,直到得到一个与实际相符的隶属度函数。

②模糊统计法

模糊统计法是基于概率论的思想而产生的确定隶属度函数的方法。该方法具有一定理论基础且可以得到比较精准的结果,因此是一种常用的确定隶属度函数方法。当使用模糊集合 A 表示某模糊概念时,确定论域 U 中某个元素 x 对 A 的隶属度函数可以通过进行 n 次重复独立统计实验来获得。在实验中,先根据模糊集合 A 的论域确定一个范围可随意变动的集合 A^*,再判断论域 U 中的固定元素 x 是否属于 A^*。若元素 X 在 n 次独立试验中属于 A^* 的次数为 m,那么可以推出元素 X 对模糊集合 A 的隶属频率为

$$x \text{ 对 } A^* \text{ 的隶属频率} = x \in A^* \text{ 的次数 } m / \text{实验的总次数 } n$$

当试验次数 n 足够大时,论域 U 中固定元素 x 的隶属频率将稳定收敛于某一个数,这个稳定的数即为元素 x 对模糊集合 A^* 的隶属度。

通过模糊统计法可以得到论域 U 中多个元素的隶属度,进一步再将元素值和隶属度值进行数据拟合即可以得到相对客观的隶属度函数。

③二元对比排序法

使用二元对比排序法对模糊集合划分隶属度函数,需要根据论域 U 中每个元素 x 对模糊概念的隶属程度进行比较和排序。例如,"小明比小美更热情",假设"热情"这个模糊集合的表示方式为 A,那么有 $A(\text{小明}) \geqslant A(\text{小美})$。这种方法更适用于通过事物的抽象性质根据专家经验来确定隶属度函数。它通过对同论域多个事物之间进行某特征下的两两对比,得到事物对于某特征隶属程度的排序结果,进一步根据这些排序结果可以确定论域内事物对该特征隶属程度的大致形状。

④例证法

例证法的主要思想是从已知有限个 $A(x)$ 的值,来估计论域 U 上的模糊子集 A 的隶属函数。如论域 U 代表全体人类,A 是"高个子的人",显然 A 是一个模糊子集。为了确定 $A(x)$,先确定一个高度值 h,然后选定几个语言真值(即一句话的真实程度)中的一个来回答某人是否算"高个子"。如语言真值可分为"真的""大致真的""似真似假""大致假的"和"假的"五种情况,并且分别用数字 $1, 0.75, 0.5, 0.25, 0$ 来表示这些语言真值。对 n 个不同高度 $h_1, h_2, \cdots h_n$ 都做同样的询问,即可以得到 A 的隶属度函数的离散表示。

（2）常用隶属度函数

隶属度函数分为很多种,例如三角形隶属度函数、梯形隶属度函数、高斯隶属度函数、广义钟形隶属度函数、S 型隶属度函数、Z 型隶属度函数等,其中三角形隶属度函数和梯形隶属度函数通常用来描述线性问题,而高斯隶属度函数等通常用来描述非线性问题。这些隶属度函数表达式及图像如表 6.1 所示。

①三角形隶属度函数

三角形隶属度函数通常可以使用 (a, b, c) 直观地来表示它,其中 a 表示隶属度函数的起点横坐标值、b 表示隶属度函数达到最高点时的横坐标值、c 表示隶属度函数的终点横坐标值。

②梯形隶属度函数

对于梯形隶属度函数,可以使用 (a, b, c, d) 来表示,其中 a 和 d 表示隶属度函数起点和终点横坐标值、b 和 c 表示隶属度函数达到最高点时和离开最高点时的横坐标值。

③高斯隶属度函数

高斯隶属度函数公式中,c 表示高斯隶属度函数图像峰值时的横坐标值,σ 表示函数曲线的宽度。

表 6-1　常用隶属度函数表达式及图像

常用隶属度函数	表达式	图像
三角形隶属度函数	$A(x) = 0, \begin{cases} 1, & x < b \\ \dfrac{c-x}{c-b} & b \leqslant x \leqslant c \\ 0, & x > c \end{cases}$	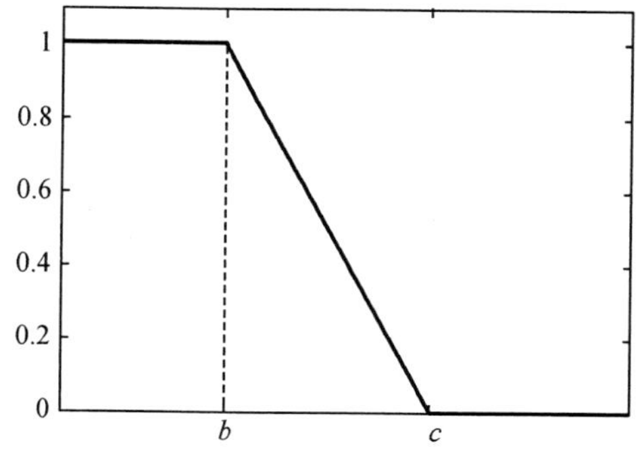
	$A(x) = \begin{cases} \dfrac{x-a}{b-a} & a \leqslant x \leqslant b \\ \dfrac{c-x}{c-b}, & b \leqslant x \leqslant c \\ 0, & x < a \text{ 或 } x > d \end{cases}$	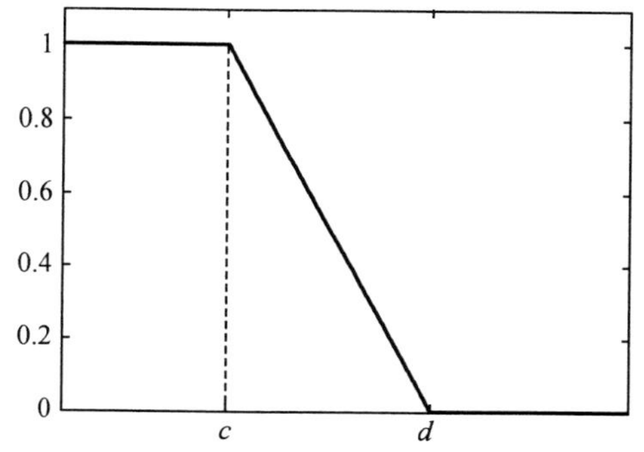

表 6-1（续）

常用隶属度函数	表达式	图像
三角形隶属度函数	$A(x) = \begin{cases} 0, & x < a \\ \dfrac{x-a}{b-a} & a \leqslant x \leqslant b \\ 1, & x > b \end{cases}$	
	$A(x) = 0, \begin{cases} 1, & x < c \\ \dfrac{d-x}{d-c} & c \leqslant x \leqslant d \\ 0, & x > d \end{cases}$	
梯形隶属度函数	$A(x) = \begin{cases} \dfrac{x-a}{b-a} & a \leqslant x \leqslant b \\ 1, & b \leqslant x \leqslant c \\ \dfrac{d-x}{d-c} & c \leqslant x \leqslant d \\ 0, & x < a \text{ 或 } x > d \end{cases}$	
	$A(x) = \begin{cases} 0, & x < a \\ \dfrac{x-a}{b-a} & a \leqslant x \leqslant b \\ 1, & x > b \end{cases}$	

表 6-1(续)

常用隶属 度函数	表达式	图像
	$A(x) = \begin{cases} 1, & x \leqslant a \\ e^{-(\frac{x-a}{\sigma})^2} & x > a \end{cases}$	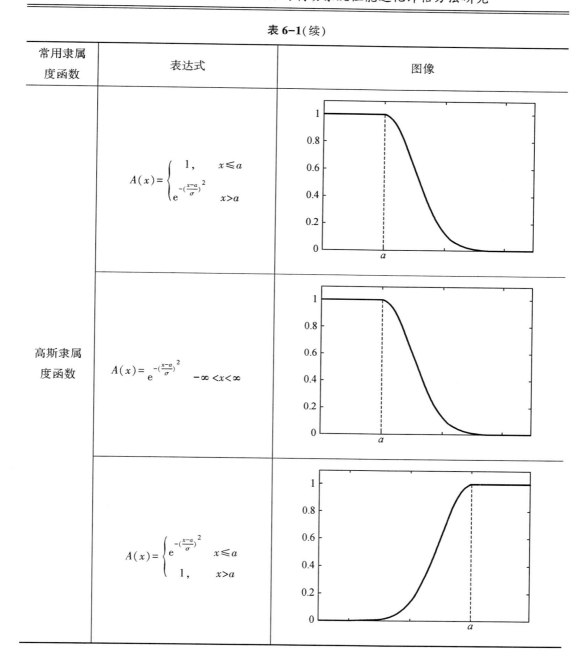
高斯隶属 度函数	$A(x) = e^{-(\frac{x-a}{\sigma})^2} \quad -\infty < x < \infty$	
	$A(x) = \begin{cases} e^{-(\frac{x-a}{\sigma})^2} & x \leqslant a \\ 1, & x > a \end{cases}$	

6.2　三级模糊综合评判与神经网络结合的性能指标计算方法

　　自从美国的控制论专家 Zadeh 教授提出模糊集合的概念以来,模糊数学在近几十年得到了迅速的发展,以模糊数学理论为基础的 FCA 也得到了很多的研究和广泛的应用$^{[173-174]}$。FCA方法为解决模糊环境下多目标(指标)评估、决策问题提供了新的数学工具。

提升机制动系统是一个包含着若干子系统的复合系统,其性能退化程度评估需要考虑多种因素,这些因素之间的相互关系及各因素对系统性能退化的影响程度在量上是难以精确衡量的,具有"模糊"特性。因此,采用FCA对矿井提升机制动系统性能退化状况进行评估是一个可行的方法。由于评估完成后其性能退化状况是一个模糊数的表达,为了对性能退化程度有一个精确量的计算,本书提出基于TLFCA-BPNN的矿井提升机性能指标(performance index,PI)计算方法,即首先用三级模糊性能状态综合评判对其性能状态进行评估,得到性能状态的模糊综合评判值,然后用神经网络完成从模糊综合评判结果到性能指标的计算。方法框图如图6.1所示,首先利用单一传感器在不同时间点的监测值进行多时间点的数据融合,得到单个传感器参数的模糊综合评判值,然后将各个子系统中多个传感器的模糊综合评判值进行空间融合,得到子系统的性能状态模糊综合评判值,之后用子系统的模糊综合评判值融合,得到整个系统的性能状态模糊综合评判值,最后用神经网络完成从模糊综合评判结果到性能指标的计算。

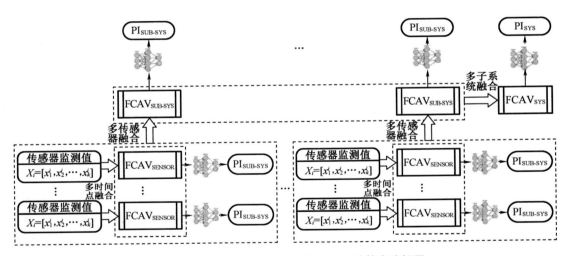

图6.1 基于 TLFCA-BPNN 结合的 PI 计算方法框图

6.3 制动系统性能退化状态综合评判

6.3.1 设置评估指标

如图6.2所示为制动系统结构图,根据对提升机制动系统分析,以及对文献[70-77]中的分析,选取闸瓦间隙、制动盘偏摆、制动盘温度、液压泵电机电流、系统油压、油温、液位以及蓄能器油压的监测参数作为评估因素集。其中各制动器的闸瓦间隙组成制动器子系统,制动盘偏摆和制动盘温度组成制动盘子系统,液压泵电机电流、系统油压、油温、油量、污染度以及蓄能器油压组成液压系统子系统,即制动系统的因素论域:

$U = [U_1, U_2, U_3] = [$ 制动器,制动盘,液压系统 $]$

$U_1 = [U_{11}, U_{12}, \cdots, U_{18}] = [$ 闸间隙$_{11}$,闸间隙$_{12}$,$\cdots$,闸间隙$_{18}]$

$U_2 = [U_{21}, U_{22}] = [$ 闸盘温度,闸盘偏摆 $]$

$U_3 = [U_{31}, U_{32}, U_{33}, U_{34}, U_{35}, U_{36}]$

　　 $= [$ 液压泵电机电流,系统油压,油温,油量,污染度,蓄能器油压 $]$

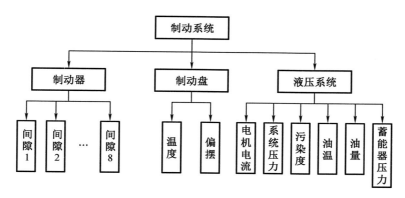

图 6.2　制动系统结构图

6.3.2　设置评语集合

本章研究制动系统在性能退化过程中的性能指标,即满足《煤矿安全规程》规定运行状态的性能指标,定义的性能指标在$[0,1]$范围内,1 表示性能良好,设备在最佳状态下运行,0 表示性能严重退化,达到《煤矿安全规程》规定的极限值。根据性能指标的定义,定义四种不同性能退化程度,分别是未退化(non-degradation,ND)、轻微退化(light degradation,LD)、中度退化(moderate degradation,MD)以及严重退化(serious degradation,SD)状态。四种性能退化程度含义可以描述如下:

ND:整个制动系统或者是制动器、制动盘、液压系统三个子系统均是性能最佳,所有的传感器的测量数据接近理想值。

LD:整个制动系统或者是制动器、制动盘、液压系统三个子系统处于轻微退化状态,所有的传感器的测量数据在它们的理想值附近波动,系统运行状态为良好。

MD:整个制动系统或者是制动器、制动盘、液压系统三个子系统处于中度退化状态,所有或部分的传感器的测量数据已经偏离了期望值,系统运行状态为正常。

SD:整个制动系统或者是制动器、制动盘、液压系统三个子系统处于严重退化状态,某个或多个传感器的测量数据已经完全偏离了期望值,即将到达《煤矿安全规程》规定的极限值,系统处在可以运行的范围内,但需要加强设备的监护,及时查找性能退化原因,并制定检修计划准备检修。

将四种不同性能退化程度作为性能指标评判等级标准,即性能退化程度的评语集合为

$$V = [V_1, V_2, V_3, V_4] = [未退化, 轻微退化, 中度退化, 严重退化]$$

6.3.3 监测指标的标准化处理

设备状态监测的指标具有不同的物理意义及取值范围。为了使其能够进行综合分析,需要进行标准化处理,即将其监测值转化到[0,1]之间。按各监测指标对设备性能的影响可将指标分为效益型、成本型和区间型指标。效益型指标的数值越大代表设备的性能越优;成本型指标的数值越小代表设备的性能越优;区间型指标结合效益型和成本型的特点,其数值在某范围内设备的性能最优,越远离此范围,设备的性能越差。各指标的标准化处理公式如下。

(1)效益型

$$g(x) = \begin{cases} 0 & x < x_{min1} \\ \dfrac{x - x_{min1}}{x_{min2} - x_{min1}} & x_{min1} \leq x \leq x_{min2} \\ 1 & x > x_{min2} \end{cases} \tag{6.9}$$

式中　x——该指标的实际值;

　　$[x_{min1}, x_{min2}]$——该指标最低要求运行时的下限和最佳要求运行时的下限。

(2)成本型

$$g(x) = \begin{cases} 1 & x < x_{max2} \\ \dfrac{x_{max1} - x}{x_{max1} - x_{max2}} & x_{max2} \leq x \leq x_{max1} \\ 0 & x > x_{max1} \end{cases} \tag{6.10}$$

式中　x——该指标的实际值;

　　$[x_{max2}, x_{max1}]$——该指标最佳要求运行时的上限和最低要求运行时的上限。

C.区间型。

$$g(x) = \begin{cases} 0 & x < x_{min1} \\ \dfrac{x - x_{min1}}{x_{min2} - x_{min1}} & x_{min1} \leq x \leq x_{min2} \\ 1 & x_{min2} < x < x_{max2} \\ \dfrac{x_{max1} - x}{x_{max1} - x_{max2}} & x_{max2} \leq x \leq x_{max1} \\ 0 & x > x_{max1} \end{cases} \tag{6.11}$$

式中　x——指标的实际值;

　　$[x_{min1}, x_{max1}]$——该指标最低运行要求的范围;

　　$[x_{min2}, x_{max2}]$——该指标的最佳运行要求的范围,$x_{min1} < x_{min2} < x_{max2} < x_{max1}$。

标准化后的数据如图 6.3 所示。

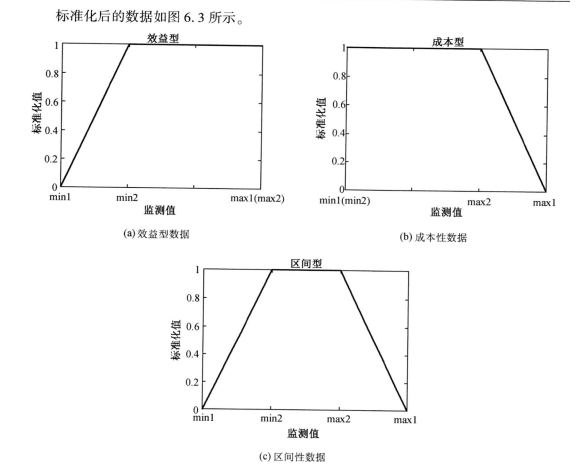

(a) 效益型数据

(b) 成本性数据

(c) 区间性数据

图 6.3 标准化后的数据

6.3.4 确定模糊隶属度函数

应用模糊综合评判的关键是建立符合实际的隶属函数,隶属度函数是把模糊问题从定性化转为定量化。根据制动系统各监测参数的历史数据分析可知,稳态工作期间,各监测参数服从正态分布,即越接近最佳值,其出现的概率越大。同时,对于制动系统的性能退化程度而言,越接近最佳值性能状况越好,因此选用正态分布函数作为四个性能指标模糊集合的隶属度函数,其中未退化和严重退化选用偏大或偏小型正态分布函数,轻微退化和中度退化选用中间型正态分布函数,如图 6.4 所示。四个模糊子集的隶属函数可以写成

$$f_{V_l}(x) = \exp\left[-\frac{\| x - \mu_l \|^2}{2\delta_l^2} \right] \tag{6.12}$$

式中 V_l——不同的性能退化状态,$l = 1, 2, 3, 4$,V_1、V_2、V_3、V_4 分别表示 ND、LD、MD 和 SD 状态;

μ_l——第 l 种性能退化状态的期望值;

δ_l——第 l 种性能退化状态的标准差。

本书中 μ_l 和 δ_l 取值如表 6.2 所示。

表 6.2 性能退化程度隶属函数均指及标准差取值表

	性能退化程度			
	ND	LD	MD	SD
μ_l	1	0.6	0.3	0
δ_l	0.2	0.15	0.15	0.15

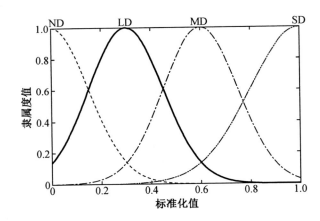

图 6.4 各性能退化状态的模糊隶属度函数

6.3.5 权值向量计算

合理确定各指标的权重是获得可靠评估结果的一项重要工作。权重的确定方法很多,分为主观定权法、客观定权法及主客观相结合的定权法。主观定权法包括专家估测法、层次分析法,客观定权法是依据评估指标所蕴含的内在信息确定权重,包括基于模糊距离、指标方差和变异系数等的定权方法。本书为了保证权重系数的客观性、公正性和科学性,提出专家打分、客观定权与层次分析相结合的权重确定方法。

(1)各传感器的权重集合计算

①专家打分确定各时间的权重:

$$w_i^1 = [w_{i1}^1, w_{i2}^1, \cdots, w_{ik}^1]$$

式中 k——时间点的数量。

②根据系统性能指标的特点,各个不同参数监测值偏离于期望值越远,性能退化的可能性越大,其权重就越大。因此定义第 i 个参数在时序点 j 的标度值为

$$d_{ij} = \frac{c_{ij}}{s_{ij}} \quad (j = 1, 2, \cdots, k) \tag{6.13}$$

式中 c_{ij}——第 i 个参数在 j 时刻的监测值与该参数最优期望值的差的绝对值;

s_{ij}——第 i 个参数在对于未退化和严重退化模糊集隶属度为 1 时的差值的绝对值。

根据标度计算公式(6.13)可得第 i 个参数在第 j 个时间点的标度值 $d_{ij} = [d_{i1}, d_{i2}, \cdots,$ $d_{ik}]$。将其归一化得到权重向量 $w_i^2 = [w_{i1}^2, w_{i2}^2, \cdots, w_{ik}^2]$,归一化公式为

$$w_{ij}^2 = \frac{d_{ij}}{\sum\limits_{j=1}^{k} d_{ij}} \tag{6.14}$$

③确定第 i 个传感器的权重向量 w_i:得到 w_i^1 和 w_i^2 后,第 i 个传感器的权重集按下式计算:

$$w_i = \left[\frac{w_{i1}^1 + w_{i1}^2}{\sum\limits_{j=1}^{k}(w_{ij}^1 + w_{ij}^2)}, \frac{w_{i2}^1 + w_{i2}^2}{\sum\limits_{j=1}^{k}(w_{ij}^1 + w_{ij}^2)}, \cdots, \frac{w_{ik}^1 + w_{ik}^2}{\sum\limits_{j=1}^{k}(w_{ij}^1 + w_{ij}^2)} \right] = [w_{i1}, w_{i2}, \cdots, w_{ik}] \tag{6.15}$$

（2）各参数(子系统)的权重

①根据上级综合评判结果,根据最大隶属度原则,若存在某参数(子系统)的性能退化评判结果为严重退化,则此参数的权重为 1,其余为 0。

②若存在参数(子系统)的性能退化程度评判结果均为 MD,则各参数(子系统)的权重由其在 MD 的数值所占所有参数在 MD 之和的比重决定,即

$$W_i = \frac{\text{FCAV}_{\text{MD}}^i}{\sum\limits_{i=1}^{n} \text{FCAV}_{\text{MD}}^i} \tag{6.16}$$

式中　$\text{FCAV}_{\text{MD}}^i$——参数 i 在中度退化状态的隶属度值。

③若所有参数(子系统)的性能退化评判结果均为 ND 或 LD,则利用 1~9 标度法确定各参数(子系统)的权重。

6.3.6　单监测参数的模糊综合评判值计算

单一参数的模糊集的模糊综合评判值(fuzzy comprehensive assessment value, FCAV)计算是通过融合多时间点的测试数据得到的,其计算流程图如图 6.5 所示。

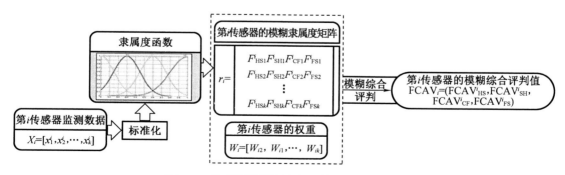

图 6.5　传感器的模糊综合评判值计算流程图

具体步骤如下:

step1:根据公式将传感器监测值标准化;

step2：将标准化后的数据分别代入到四个隶属度函数，得到各性能退化状况的模糊值，并由这些模糊值组成传感器的模糊隶属度评判矩阵：

$$r_i = \begin{bmatrix} F_{\mathrm{ND1}}^i & F_{\mathrm{LD1}}^i & F_{\mathrm{MD1}}^i & F_{\mathrm{SD1}}^i \\ F_{\mathrm{ND2}}^i & F_{\mathrm{LD2}}^i & F_{\mathrm{MD2}}^i & F_{\mathrm{SD2}}^i \\ \vdots & \vdots & \vdots & \vdots \\ F_{\mathrm{ND}k}^i & F_{\mathrm{LD}k}^i & F_{\mathrm{MD}k}^i & F_{\mathrm{SD}k}^i \end{bmatrix} \tag{6.17}$$

式中　$F_{\mathrm{ND}n}^i$——第 i 个参数第 n 各时间点的监测值属于 ND 的模糊评判值；

　　　$F_{\mathrm{LD}n}^i$——第 i 个参数第 n 各时间点的监测值属于 LD 的模糊评判值；

　　　$F_{\mathrm{MD}n}^i$——第 i 个参数第 n 各时间点的监测值属 MD 的模糊评判值；

　　　$F_{\mathrm{SD}n}^i$——第 i 个参数第 n 各时间点的监测值属于 SD 的模糊评判值。

step3：模糊综合计算

$$\mathrm{FCAV}_i = w_i \circ r_i$$

$$= [w_{i1}, w_{i2}, \cdots, w_{ik}] \circ \begin{bmatrix} F_{\mathrm{ND1}}^i & F_{\mathrm{LD1}}^i & F_{\mathrm{MD1}}^i & F_{\mathrm{SD1}}^i \\ F_{\mathrm{ND2}}^i & F_{\mathrm{LD2}}^i & F_{\mathrm{MD2}}^i & F_{\mathrm{SD2}}^i \\ \vdots & \vdots & \vdots & \vdots \\ F_{\mathrm{ND}k}^i & F_{\mathrm{LD}k}^i & F_{\mathrm{MD}k}^i & F_{\mathrm{SD}k}^i \end{bmatrix}$$

$$= \left(\sum_{j=1}^{k} w_j^i * F_{\mathrm{ND}j}^i, \sum_{j=1}^{k} w_j^i * F_{\mathrm{LD}j}^i, \sum_{j=1}^{k} w_j^i * F_{\mathrm{MD}j}^i, \sum_{j=1}^{k} w_j^i * F_{\mathrm{SD}j}^i \right)$$

$$= (\mathrm{FCAV}_{\mathrm{ND}}^i, \mathrm{FCAV}_{\mathrm{LD}}^i, \mathrm{FCAV}_{\mathrm{MD}}^i, \mathrm{FCAV}_{\mathrm{SD}}^i) \tag{6.18}$$

式中，∘ 为模糊算子，本书选用 $M(\cdot, +)$ 算子。

6.3.7　子系统的模糊综合评判值计算

子系统的模糊集的 FCAV 是通过融合多传感器的 FCAV 得到的，其综合评判值计算流程图如图 6.6 所示。

具体步骤为：

step1：由各传感器的 FCAV 组成子系统评判矩阵，即

$$R_i = \begin{bmatrix} \mathrm{FCAV}_1^i \\ \mathrm{FCAV}_2^i \\ \vdots \\ \mathrm{FCAV}_{k_i}^i \end{bmatrix} = \begin{bmatrix} \mathrm{FCAV}_{\mathrm{ND1}}^i, \mathrm{FCAV}_{\mathrm{LD1}}^i, \mathrm{FCAV}_{\mathrm{MD1}}^i, \mathrm{FCAV}_{\mathrm{SD1}}^i \\ \mathrm{FCAV}_{\mathrm{ND2}}^i, \mathrm{FCAV}_{\mathrm{LD2}}^i, \mathrm{FCAV}_{\mathrm{MD2}}^i, \mathrm{FCAV}_{\mathrm{SD2}}^i \\ \vdots \\ \mathrm{FCAV}_{\mathrm{ND}k_i}^i, \mathrm{FCAV}_{\mathrm{LD}k_i}^i, \mathrm{FCAV}_{\mathrm{MD}k_i}^i, \mathrm{FCAV}_{\mathrm{SD}k_i}^i \end{bmatrix} \tag{6.19}$$

step2：模糊综合计算

$$\mathrm{FCAV}_i = \boldsymbol{\omega}_i \circ \boldsymbol{R}_i \tag{6.20}$$

式中，∘ 为模糊算子，本书选用 $M(\cdot, +)$ 算子。

6.3.8　制动系统的模糊综合评判值计算

得到制动器、制动盘以及供油子系统的模糊综合评判值后,制动系统的模糊综合评判值方法同子系统方法,此处不再赘述。

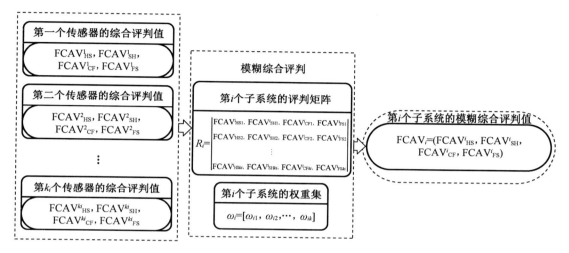

图 6.6　子系统模糊综合评判值计算流程图

6.4　性能指标计算神经网络的训练

隶属度函数完成了从精确的测量值到模糊隶属度的模糊化过程,而隶属度计算性能指标则实现了从模糊隶属度到性能指标的去模糊化过程。

本书提出用 BP 神经网络完成从模糊隶属度到性能指标计算,具体方法为把已经得到的模糊综合评判得到的四种性能退化状态的隶属度值为输入,通过训练好的神经网络计算出性能指标的值。

训练神经网络方法:将标准化后的 x 以步长 0.005 平均分成 200 份,对应得到各 x 值对应的四种性能退化状态的模糊隶属度值及其性能指标的值,其中 1~30 个样本代表 SD 状态,其性能退化值 PI 对应为 0~0.15;31~90 为 MD 状态,对应的 PI 值为 0.155~0.45;91~145 为 LD 状态,对应的 PI 值为 0.455~0.8;146~200 为 ND 状态,对应的 PI 值为 0.805~1,用这些样本训练神经网络。神经网络输入层的神经元数量由性能退化状态的数量确定,制动系统定义了 4 个性能退化状态,因此输入层神经元个数为 4 个,输出层的神经元个数由预测值的个数来确定,预测值为一个[0,1]之间的数,所以输出层神经元数量为 1 个,隐含层神经元的数量根据 Kolmogorov 定理确定为 9 个;采用 Sigmoid 传输函数,选择训练目标最小误差 0.000 01,学习速率 0.05,允许最大训练步数 1 000 步。训练完成后,在用训练的数据进行测试,BP 神经网络测试结果如图 6.7 所示。

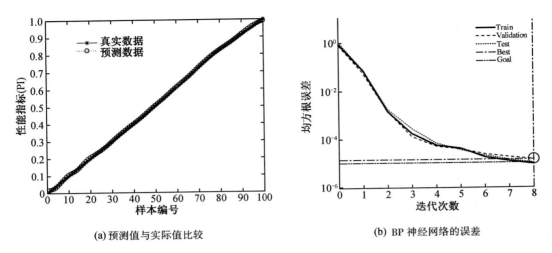

(a) 预测值与实际值比较　　　　　　　(b) BP 神经网络的误差

图 6.7　BP 神经网络测试结果

6.5　实　例　计　算

6.5.1　试验台介绍

本书试验台为中信重工的超深井提升机试验平台系统,此试验台依据相似理论基础,按照实际运行的提升机以相似比为 1:10 缩小生产,试验台主机主要参数如表 6.3 所示。

表 6.3　试验台主要参数

参数名称	数量	
提升机规格	直径	800 mm
	宽度	160 mm
提升高度	47 m	
钢丝绳直径	10 mm	
有效载荷	1 t	
容积自重	1 t	
提升速度	1.8 m/s	
电机功率	75×2 kW	
制动器数量	4 对	

试验台安装闸间隙、制动盘温度、偏摆等传感器等设计及现场图如图 6.8 所示。

图 6.8　试验台设计及现场图

6.5.2　各传感器数据采集

为验证本书提出的性能指标评估方法,选取试验台的在线监测数据进行验证,试验台各传感器采样频率设置 10 Hz,在多时间点的数据融合中,选择采样点数为 8,在线监测数据如表 6.4 所示,其中 T1~T8 为 8 个时间点的监测值。

表 6.4　制动系统各传感器的在线监测数据

传感器名称	数据类型	原始数据							
		T1	T2	T3	T4	T5	T6	T7	T8
间隙 1-1	区间型	0.55	0.56	0.45	0.4	0.45	0.5	0.52	0.58
间隙 1-2	区间型	1.55	1.56	1.45	1.4	1.45	1.5	1.52	1.58
间隙 2-1	区间型	0.885	0.85	0.45	0.6	0.66	0.85	0.8	0.78
间隙 2-2	区间型	0.65	0.86	0.45	0.6	0.85	0.65	0.75	0.58
间隙 3-1	区间型	1.35	1.16	1.25	0.9	1.55	1.25	1.12	1.08
间隙 3-2	区间型	0.05	0.16	0.05	0.1	0.01	0.05	0.052	0.03
间隙 4-1	区间型	1.95	1.96	1.85	2.08	1.95	1.95	2.02	1.98
间隙 4-2	区间型	1.55	1.56	1.55	1.5	1.55	1.35	1.62	1.68
温度	区间型	20	22	20	21	23	20	20	21
偏摆	成本型	0.3	0.4	0.2	0.1	0.1	0.15	0.2	0.3
电机电流	成本型	1	1.8	2.2	1.9	1.6	1.65	1.78	1.88
油压	区间型	11.1	11.2	11.2	11.3	11.2	11.1	11.1	11.1
油温	区间型	20	25	28	30	33	33	32	30
油量	区间型	135	130	129	128	126	125	126	125
蓄能器油压	区间型	9.5	9.4	9.4	9.4	9.3	9.3	9.25	9.25
污染度	成本型	1	1.1	1.1	1.1	1.2	1.1	1.2	1.1

6.5.3 单监测参数的模糊综合评判值计算

由于每个传感器的模糊综合评判值计算过程相同,为叙述方便,现以间隙1-1传感器为例,解释其性能指标计算过程如下。

step1:将其各时间点的值带入公式(6.17),得到评判矩阵:

$$
r_1 = \begin{bmatrix} F_{ND1}^1 & F_{LD1}^1 & F_{MD1}^1 & F_{SD1}^1 \\ F_{ND2}^2 & F_{LD2}^2 & F_{MD2}^2 & F_{SD2}^2 \\ \vdots & \vdots & \vdots & \vdots \\ F_{NDk}^8 & F_{LDk}^8 & F_{MDk}^8 & F_{SDk}^8 \end{bmatrix} = \begin{bmatrix} 0.457\ 8 & 0.606\ 5 & 0.011\ 1 & 0 \\ 0.486\ 8 & 0.566\ 2 & 0.009\ 1 & 0 \\ 0.216\ 3 & 0.946 & 0.065\ 7 & 0.000\ 1 \\ 0.135\ 3 & 1 & 0.135\ 3 & 0.000\ 3 \\ 0.216\ 3 & 0.946 & 0.065\ 7 & 0.000\ 1 \\ 0.324\ 7 & 0.800\ 7 & 0.028\ 6 & 0 \\ 0.375\ 3 & 0.726\ 1 & 0.019\ 8 & 0 \\ 0.546\ 1 & 0.486\ 8 & 0.006 & 0 \end{bmatrix}
$$

step2:利用专家打分确定权重:

$$w_1^1 = [0.125, 0.125, 0.125, 0.125, 0.125, 0.125, 0.125, 0.125]$$

step3:根据公式(6.14)计算得到权重:

$$w_1^2 = [0.104\ 6 \quad 0.100\ 4 \quad 0.146\ 4 \quad 0.167\ 4 \quad 0.146\ 4 \quad 0.125\ 5 \quad 0.117\ 2 \quad 0.092\ 1]$$

step4:根据公式(6.15)计算得到各点的综合权重为

$$w_1 = [0.107\ 5 \quad 0.103\ 9 \quad 0.143\ 4 \quad 0.161\ 3 \quad 0.143\ 4 \quad 0.125\ 4 \quad 0.118\ 3 \quad 0.096\ 8]$$

step5:根据公式(6.18)计算得到模糊综合评判值:

$$FCAV_{BC1-1} = [0.321\ 6 \quad 0.790\ 0 \quad 0.049\ 3 \quad 0.000\ 1]$$

step6:利用神经网络计算间隙1-1的性能指标为

$$HD_{BC1-1} = 0.721\ 9$$

从计算结果可以看出间隙1-1的性能指标为0.721 9,传感器的性能退化状态为轻微退化,可以继续运行。

用以上方法可以得到制动器、制动盘子系统和液压子系统中各传感器模糊综合评判值和性能指标,分别如表6.5至表6.7所示。

表6.5 制动器子系统各传感器模糊综合评判值和性能指标

传感器名称	模糊综合评判值			性能指标		性能评估
	ND	LD	MD	SD	PI	
间隙1-1	0.321 6	0.79	0.049 3	0.000 1	0.721 9	轻微退化
间隙1-2	0.313 6	0.807 2	0.047 9	0.000 1	0.718 3	轻微退化
间隙2-1	0.591 4	0.479 3	0.024 7	0	0.815 6	未退化
间隙2-2	0.581 9	0.474 8	0.019 3	0	0.814 6	未退化

表 6.5(续)

传感器名称	模糊综合评判值			性能指标		性能评估
	ND	LD	MD	SD	PI	
间隙 3-1	0.631 3	0.447 1	0.026 6	0	0.825 9	未退化
间隙 3-2	0.001 5	0.091	0.929 3	0.238 4	0.250 2	中度退化
间隙 4-1	0.000 8	0.046 2	0.541 2	0.630 2	0.137 1	严重退化
间隙 4-2	0.217 3	0.881 8	0.121 4	0.000 5	0.668	轻微退化

表 6.6 制动盘子系统各传感器模糊综合评判值和性能指标

传感器名称	模糊综合评判值			性能指标		性能评估
	ND	LD	MD	SD	PI	
温度	0.972 2	0.027 8	0.000 0	0.000 0	0.984 4	未退化
偏摆	0.142 8	0.495 5	0.355 5	0.006 2	0.560 5	轻微退化

表 6.7 液压子系统各传感器模糊综合评判值和性能指标

传感器名称	模糊综合评判值			性能指标		性能评估
	ND	LD	MD	SD	PI	
电机电流	0.555 4	0.443 6	0.001 0	0.000 0	0.820 3	未退化
油压	0.257 1	0.646 3	0.096 5	0.000 1	0.711 4	轻微退化
油温	0.741 5	0.258 1	0.000 5	0.000 0	0.864 5	未退化
油量	0.741 5	0.258 1	0.000 5	0.000 0	0.864 5	未退化
蓄能器油压	0.808 9	0.191 1	0.000 1	0.000 0	0.887 8	未退化
污染度	0.844 5	0.155 5	0.000 0	0.000 0	0.904 4	未退化

从以上表中可以看出:间隙传感器 2-1、2-2、3-1 的数据距期望值较近,其 PI 分别为 0.815 6、0.814 6 和 0.825 9;间隙 4-2 数据距期望值稍远,其 PI 为 0.668;间隙 3-2 数据距期望值更远,其 PI 为 0.250 2;间隙 4-1 数据距期望值最远,很多次测量数据已经超过可允许运行的界限,所以其 PI 为 0.137 1。符合越接近故障,其性能指标得分越低的实际情况,制动盘和液压子系统的各传感器性能退化值也符合实际情况。

6.5.4 子系统及系统的模糊综合评判值计算

按照 6.3.7 节介绍方法,制动器、闸盘、液压系统的模糊综合评判值和性能指标计算结果如表 6.8 所示,制动系统的模糊综合评判值和性能指标计算结果如表 6.9 所示。

表 6.8   子系统模糊综合评判值和性能指标

子系统名称	模糊综合评判值				性能指标	性能评估
	ND	LD	MD	SD	PI	
制动器	0.000 8	0.046 2	0.541 2	0.630 2	0.137 1	严重退化
制动盘	0.572 0	0.264 3	0.179 4	0.003 1	0.814 5	未退化
液压系统	0.678 5	0.337 8	0.017 1	0.000 0	0.838 6	未退化

表 6.9   制动系统模糊综合评判值和性能指标

系统名称	模糊综合评判值				性能指标	性能评估
	ND	LD	MD	SD	PI	
制动系统	0.000 8	0.046 2	0.541 2	0.630 2	0.137 1	严重退化

从以上表中可以看出:由于间隙传感器 4-1 出现严重退化,在其他传感器没有出现严重退化的情况下,制动器子系统和整个系统都处在严重退化状态,这符合现场的实际情况,说明本书提出的方法具有实用性。

为了对比单一传感器数据变化对子系统及系统性能指标的影响,在其他传感器数据不变的情况下,仅改变间隙传感器 4-1 数据,研究其对子系统及系统性能指标的影响。表 6.10 为间隙传感器 4-1 分别在未退化、轻微退化、中度退化和严重状态下的一组数据,表 6.11、表 6.12、表 6.13 分别为不同间隙传感器 4-1 数据时传感器、子系统和系统的性能指标。

表 6.10   间隙传感器 4-1 在不同退化状态下的一组数据

数据序号	T-1	T-2	T-3	T-4	T-5	T-6	T-7	T-8
1	1.08	0.82	0.98	1.23	0.92	1.25	1.13	1.11
2	1.55	1.65	1.58	1.63	1.52	1.48	1.55	1.68
3	1.95	1.96	1.85	1.98	1.95	1.95	1.92	1.88
4	1.95	1.96	1.85	2.08	1.95	1.95	2.02	1.98

表 6.11   间隙传感器 4-1 的模糊综合评判值和性能指标

序号	模糊综合评判值				性能指标	性能评估
	ND	LD	MD	SD	PI	
1	0.991 7	0.039 5	0.000 0	0.000 0	0.980 3	未退化
2	0.170 8	0.914 8	0.150 8	0.000 7	0.637 0	轻微退化
3	0.001 6	0.099 1	0.943 4	0.218 4	0.265 8	中度退化
4	0.000 8	0.046 2	0.541 2	0.630 2	0.137 1	严重退化

表 6.12　制动器子系统的模糊综合评判值和性能指标

序号	模糊综合评判值				性能指标	性能评估
	ND	LD	MD	SD	PI	
1	0.212 6	0.275 2	0.729 1	0.181 9	0.451 0	中度退化
2	0.103 2	0.367 0	0.669 4	0.162 0	0.388 9	中度退化
3	0.062 5	0.243 7	0.829 3	0.197 9	0.302 5	中度退化
4	0.000 8	0.046 2	0.541 2	0.630 2	0.137 1	严重退化

表 6.13　制动系统的模糊综合评判值和性能指标

序号	模糊综合评判值				性能指标	性能评估
	ND	LD	MD	SD	PI	
1	0.527 7	0.344 2	0.445 6	0.095 9	0.694 4	轻微退化
2	0.469 9	0.389 4	0.409 8	0.084 4	0.638 0	轻微退化
3	0.455 7	0.352 3	0.581 3	0.124 1	0.571 0	轻微退化
4	0.000 8	0.046 2	0.541 2	0.630 2	0.137 1	严重退化

从以上表中数据可以看出：

（1）随着间隙传感器 4-1 数据慢慢从接近期望值向远离期望值变化，其性能指标从 0.980 3 变为 0.137 1，制动子系统的性能指标从 0.451 变为 0.137 1，系统的性能指标从 0.694 4 变为 0.137 1。

（2）在间隙传感器 4-1 没有故障时，制动子系统性能指标也比较低的原因是间隙传感器 3-2 的数据为中度退化状态，其性能指标仅为 0.250 2，与严重退化时非常接近。

（3）当间隙传感器 4-1 的监测值由中度退化变为严重退化状态时，制动器子系统的性能指标由 0.302 5 迅速下降至 0.137 1，制动系统的性能指标由 0.571 0 迅速下降为 0.137 1，这种情况符合实际情况。

（4）严重退化所在子系统的性能指标低于系统的性能指标，这有助于发现和定位性能退化器件。

通过制动系统性能指标的计算验证了本书提出的方法的可靠性和实用性。

6.6　本章小结

本章结合矿井提升机制动系统现场实际要求，提出一种三级模糊综合性能指标评估与神经网络相结合的矿井提升机制动系统性能退化评估方法；本章提出方法不仅可以为制动系统实现智能维护提供技术支持，还可以为整个提升机及其他复杂设备的性能指标计算提供参考。本章具体工作为：

（1）根据制动系统结构及各传感器功能划分因素论域，根据性能退化程度设置评语集，把各传感器监测信息标准化后，定义了统一的隶属度函数。

（2）为了保证权重系数的客观性、实用性和科学性，提出基于专家打分、客观定权与层次分析相结合的权重确定方法。

（3）用神经网络完成了从模糊综合评判值到精确值的性能退化指标的量化，量化后的性能退化指标值为$[0,1]$的一个数，便于操作和管理人员理解，为设备维修决策以及后续的性能指标预测提供技术支持。

（4）利用试验台的监测数据验证了所提出方法的实用性、可靠性和灵敏性。

第 7 章 制动系统管理平台设计与实现

本章将通过试验台实际操作来完成前文所述研究工作,实验内容在中信重工新区试验台进行,建立的制动系统管理平台可以实时监测制动系统的运行状态,并根据实时监测数据分析制动系统、子系统以及各传感器的性能退化程度;还可以定期进行安全制动测试试验,根据安全制动试验采集的压力–时间数据对制动系统性能退化程度进行评估,在评估指标达到自适应设定阈值后自动启动故障诊断程序,诊断引起性能退化的原因及其严重程度。

7.1 硬件设计方案

制动系统管理平台主要包括以下几个部分:上位一体机(包含主控计算机、PLC 系统),闸检测箱,液压站控制模块,传感器及其他部分安装附件等,系统管理平台硬件结构图如图7.1 所示。

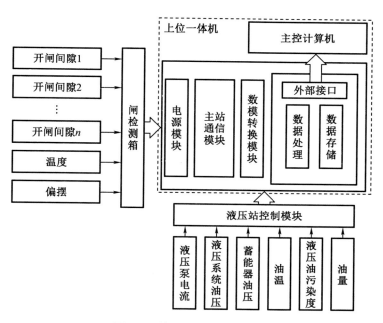

图 7.1 管理平台硬件结构图

7.1.1　主控计算机

主控计算机选择研华工控机,其配置是:I7、4 核、3.4G CPU、16G 内存、1T 硬盘、1G 显卡、24 英寸液晶彩显示器,预装正版 Windows7 系统软件。

7.1.2　PLC 系统

PLC 系统内安装有主控 CPU,是整个控制系统的核心,通过编写程序可以完成模拟量的采集及逻辑运算,同时实现保护和报警功能。DPMASTER 主站模块用来实现与远程扩展模块的总线通信。PLC 系统内内置 CP5611 卡,通过 Profibus-DP 通信与主控计算机进行连接,实现程序编写、下载及控制系统内部变量读取等。PLC 系统主要模块功能介绍如下。

（1）PM-E 电源模块

PM-E 电源模块是一种电源分配器,模块侧边的插槽实现向后端的模拟量模块和数字量模块分配电源。通过接线端子输入 DC24 V 供电电压,通过侧边插槽实现 DC24 V 电源的向后端分配,一个 PM-E 模块载流量可达 10 A。采用导轨式安装。

（2）IM151-7 CPU

IM151-7 CPU 是控制系统的核心,主要完成用户程序的执行,从远控扩展模块采集数据,通过数据处理和逻辑运算,实现检测及保护功能,向数字量输出模块输出信号,执行外部动作。IM151-7 CPU 集成有 RS485 通信接口,可以实现 Profibus-DP 通信。支持 PG/OP 通信功能,具备故障自诊断功能。

（3）DP MASTER 主站模块

DP MASTER 主站模块作为 IM151-7 CPU 控制器的一部分,集成有 RS485 通信接口,具有 PROFIBUS DP 主站功能。主站模块主要用来实现与闸检测箱和液压站控制 ET200S 模块中的 IM151 模块的 PROFIBUS DP 通信,完成主 CPU 与远程扩展模块的数据通信。

（4）ET200S 接口模块

ET200S 接口模块是远程扩展接口模块,包括了电源模块、数字或模拟输入和输出模块、技术模块,通过 PROFIBUS DP 通信完成与主 CPU 的数据交互,每个闸检测箱内配置一块 ET200S,后端可以带 64 个模块,具有故障自诊断功能,供电电压为 DC24 V,电源由上位一体机集中分配。

（5）模数转换块板

将来自过程的模拟量信号转换为 PLC 可以处理的数字量信号,供 CPU 在执行程序时调用。模拟量信号可以是电压信号,也可以是电流信号。系统中使用的有两线制电流型和电压型两种模拟量模块,根据外部传感器型号的不同,选用不同的模拟量模块。其中间隙检测选用两线制电流型模拟量模块,温度、压力、偏摆检测选用电压型模拟量模块。

7.1.3　闸检测箱

闸检测箱安装在闸座上,通过支架或者螺钉直接安装。每个闸座安装一个闸检测箱。

箱内有远程扩展模块 ET200S,通过与上位一体机内的主站模块通信,完成检测信号的传输。检测箱内模拟量模块(模拟量输入模板)与传感器一起完成相关变量的采集。这些变量包括闸瓦间隙、制动盘温度、制动系统油压值以及制动盘偏摆。每个箱子内安装的模拟量模块的数量和型号根据每个闸座上制动闸对数来确定。每个闸检测箱内部电源由上位一体机集中分配,采用硬线直接连接到相应的电源分配端子上。

7.1.4　液压系统控制模块

液压系统控制模块在液压站的智能闸控系统中,控制模块中的模拟量模块与传感器一起完成液压系统相关变量的采集。这些变量包括液压站油量、油温、油压、蓄能器压力、油液污染度以及电机电流值。控制模块内部电源由智能闸控系统集中分配,采用硬线直接连接到相应的电源分配端子上。

7.1.5　传感器

传感器是系统前端测量元件,主要包括:闸间隙位移传感器、无接触式制动盘温度传感器、偏摆传感器、压力传感器、液位传感器、液压油温传感器、蓄能器压力传感器、油液污染度检测仪,各传感器主要技术参数如表 7.1 所示。

(1)位移传感器:通过丝扣安装在每个闸制动器后的端盖上,传感器探杆与制动器内部的油缸后端接触,通过探杆的压缩和伸展来产生位移,内部电子电路将产生的位移信号转换成 4~20 mA 的电流信号传输给配套闸检测箱内的模拟量模块,完成闸瓦与制动盘之间的间隙值的检测。每个制动器配置一路位移传感器。

(2)无接触式温度传感器:通过支架安装在闸座的特定位置上,可以调整探头与制动盘的间距。对制动盘温度进行检测时,内部电子电路将温度信号转换成电压信号传递给模拟量模块,完成制动盘温度的动态持续监测。一面制动盘配置一路温度传感器。

(3)偏摆传感器:闸偏摆传感器通过支架安装在特定闸座上,通过螺纹可以调整传感器探头与制动盘的距离。通过检测传感器探头与制动盘的间距,间距变化信号转换成电压信号反馈至模拟量模块,经过程序内部运算实时计算提升机系统在运转过程中的制动盘偏摆量。通常的配置是一面制动盘配置一个偏摆传感器。

(4)压力传感器:安装在液压泵出口处,将压力信号转换成电压信号反馈至模拟量模块。可以实时采集液压泵出口油压。

(5)液压站油温传感器:液压站是集温度开关、温度变送器及数字显示功能于一体的电子温度控制器,其温度检测系统采用 PT100 热电阻元件,温度变送器将温度信号转换成电流信号反馈至模拟量模块,经过程序内部运算实时计算液压系统在工作过程中的液压油温度。

(6)液位传感器:液压站的液位传感器安装在油箱上,工作时信号转换成 4~20 mA 的电流信号传输到液压站上的控制模块中。

(7)污染度检测仪:污染度检测仪在线颗粒检测仪通过内设的激光二极管对油液中实

际存在的固体颗粒进行光学检测,当污染度检测仪通过 4~20 mA 时,电流信号传输到液压站控制模块中。

(8)蓄能器压力传感器:蓄能器压力传感器安装在蓄能器进口处,一般一个蓄能器配置一个压力传感器,工作时将压力信号转换成电压信号反馈至模拟量模块,以实时检测蓄能器中的油压。

表 7.1　传感器主要技术参数

名称	型号	量程范围	输出信号	检测精度	环境温度	生产厂家
位移传感器	GS-12	0~10 mm	4~20 mA	±2%	-20~60 ℃	上海海迎蓝测控技术公司
闸盘温度传感器	YD-01-C	0~150 ℃	0~5V	±1 ℃	-20~80 ℃	中信重工
偏摆传感器	YD-ST	0~5 mm	0~10 V	±0.1 mm	-15~55 ℃	中信重工
液压站压力传感器	EDS344-3-250-000+ZBE03	-1~400 bar	0~10V	<±0.5%FS	-25~125 ℃	HYDAC
液压站油温传感器	STWA-121-400	-200~600 ℃	4~20 mA	±0.3 ℃	-20~75 ℃	STAUFF
液位传感器	SLWE-1-400	0~400 mm	4~20 mA	1 mm	-20~80 ℃	STAUFF
污染度检测仪	IcountPD-Z2-ATEX	NAS 1638 00级~12 级	4~20 mA	+0.5%	-20~60 ℃	PARKER
蓄能器压力传感器	HDA4744-A-250	-1~400 bar	4~20 mA	<±0.5%FS	-25~125 ℃	HYDAC

7.2　软件设计方案

7.2.1　总体设计

软件系统既是监测子系统与上位机通信的桥梁,也是工作人员获得提升机运行状态的窗口,其功能和布局可以直接影响到工作人员的体验感和操作的准确性[175-176]。根据前文研究结果以及参考原有提升机控制检测系统,本书设计的制动系统管理平台软件需要满足以下技术要求:

(1)完善的通信接口。制动系统管理平台软件必须配备针对监测子系统通信方式的接口。

（2）良好的人机交互界面。制动系统管理平台软件重要的技术要求就是具有良好的人机交互界面,工作人员在使用时有良好的体验感,包括:界面友好、操作方便以及容易学会等。

（3）系统功能区划分合理。一个完整的管理平台包括的功能模块较多,如数据曲线绘制、图表显示和状态监测结果显示以及故障报警等。在功能完善的同时,需将不同类型的功能区进行合理的布置[177],这有利于工作人员分析、识别和操作,可以避免功能分区不合理而导致的失误。

（4）软件信息存储和展现丰富多样。管理软件执行的是实时监测、分析和结果显示功能,需要工作人员可以随时调取历史数据进一步分析提升机状态,这就要求软件具备良好的数据存储、显示以及打印或者查阅历史数据的功能[70]。

依据上述技术要求,本书设计的制动系统管理平台软件整体架构如图 7.2 所示。

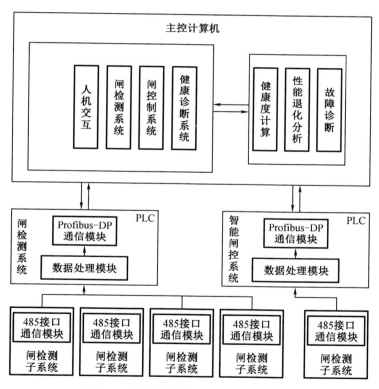

图 7.2　制动系统管理平台软件整体架构

7.2.2　软件设计

制动系统管理平台基于 LabVIEW 编程环境开发,其中的 Matlab Script 节点可以在 LabVIEW 内部通过 Active X 调用 MATLAB 相应的性能退化程度计算、性能退化分析或故障诊断程序,使虚拟仪器与 MATLAB 的智能算法相结合。制动系统管理平台设计包括性能退化评估、检测控制、安全测试试验、参数设置、历史数据查看、系统说明书和人机交互模块等分

系统组成,具体设计方案如下:

(1)检测控制模块。检测控制模块设计主要以画面的形式完成提升机闸盘间隙、闸盘温度、闸盘偏摆、制动油压值的动态监测;液压站油温、油压、油量、液压泵电机电流的动态监测以及故障自动检测和报警;系统内设有闸盘偏摆保护、闸盘温度保护、液压站压力保护、温度保护、液位保护和油液污染检测保护功能,当闸盘偏摆过大、温度过高或者是液压系统的开闸压力过大、油温过高、液位过低或污染度超标时,发出报警信号或使提升机主电机自动断电,待故障解除后方可开车。

(2)参数设置模块。参数设置模块可以实现对系统内部特定参数的设置和修改,如开闸间隙的最大最小值、制动盘偏摆的最大值、制动器的开闸油压和液压系统油压、油温、液位、污染度的报警值以及其他液压控制参数。

(3)性能退化评估模块。性能退化评估模块为管理平台主界面,性能退化评估模块主要完成制动系统、子系统和各传感器性能退化程度的计算及显示,以及制动系统主要监控参数的显示与故障报警。在主界面上以画面形式显示制动盘子系统、液压站子系统以及各闸座的性能指标,以柱状图形式显示制动系统、制动盘、制动器及液压站子系统的性能指标,并设有相应的故障报警指示灯,正常时该指示灯的颜色为绿色,发生故障时该指示灯的颜色变为红色。为保证主画面简洁,各传感器的性能退化指标设置为可选显示模式,即操作者可以根据自身喜好,点击各子系统附近的红色按钮,选择是否显示对应子系统内各传感器的性能退化指标。制动系统中主要的检测故障也在主界面以数字和指示灯的形式显示出来。

(4)安全测试试验模块。安全测试试验模块主要完成制动系统安全测试试验时的性能退化分析,用曲线图的形式显示最佳健康状态和当前状态的制动系统压力-时间曲线,以表格形式显示自适应阈值以及性能退化评估结果,并设置评估结果指示灯,以显示是否到达性能退化阈值,绿色代表健康,红色代表到达自适应阈值。如果性能评估结果为达到自适应阈值,则系统将自动启动故障诊断程序,诊断引起性能退化部位及劣化程度,故障诊断的结果以柱状图形式显示。

(5)历史数据查看模块。历史数据查看模块主要完成各状态监测参数、制动系统、子系统各传感器性能指标的存储和查看功能。其中查看功能可选择表格方式还是以曲线形式查看。

(6)系统说明书模块。主要说明管理平台的功能、原理以及操作规程等,便于使用和管理者了解管理平台、熟悉参数意义及设置。

(7)人机交互模块。此模块主要包括各功能模块的选择与切换,实现多彩色图表或汉字显示、实时报警等功能;通过操作键盘或鼠标,还可以查看子系统的监测、故障信息,也可以设置进行打印数据报表等。

7.3　硬件设备的现场安装及接线

7.3.1　设备安装的一般性要求

（1）上位一体机和闸检测箱应有紧固用的安装孔。在安装闸检测箱和上位一体机时，应该选取合适的位置,安装牢固,同时兼顾检修和维护方便。

（2）上位一体机和闸检测箱都有清晰的设备铭牌。根据闸检测箱安装位置的不同,应对每个箱体做出相应的标识,方便日后检修和参数调整。

（3）在接线时要保证传感器屏蔽层可靠接地,从而使传感器的检测信号不受干扰。同时总线通信接头要压紧,防止因振动而导致接触不良,影响通信稳定性。

（4）在安装位移传感器时,要根据传感器的量程范围调整合适的推杆位置和探头距离,具体间距范围可参照传感器技术参数。

（5）当系统安装完成后,测试各功能是否完善,包括传感器检测是否准确、保护功能是否完善、上位监控是否能够正常显示和记录数据、测试数据校正功能是否正常、数据曲线能否正常显示等。

7.3.2　上位一体机的安装

（1）上位一体机内配置有主控计算机和 PLC 系统,其中工控机与 PLC 采用 Profibus-DP 通信实现互联,具体实现方式为:采用一根双绞屏蔽电缆,两头分别压接上配套的 RS485 连接器,一端插在 IM151-7CPU 的 Profibus-DP 集成端口上,另外一端插在安装于工控机内部的 CP5611 的端口上。

（2）上位一体机的电源由外部提供,一体机内设置有专用的接线端子,供电电源为 AC220 V。

（3）上位一体机有专用的安装基座。在安装上位一体机时,应该选取合适的位置,安装牢固,同时兼顾检修和维护方便。

7.3.3　检测箱的安装

（1）闸检测箱有紧固用的安装孔。闸座的刀架上设有专用的箱体安装孔,每个闸座安装一个检测箱,检测箱的安装示意图如图 7.3 所示。

（2）每个闸检测箱的电源为外供,集中由上位一体机提供,供电电源为 DC24 V,具体接线请参考对应型号的箱子的端子接线图。

（3）检测箱与上位一体机内的 PLC 系统采用 PROFIBUS 通信实现互联。

图 7.3　检测箱安装示意图

7.3.4　液压系统控制模块的安装

液压系统控制模块在液压站的智能闸控系统中,控制模块中的模拟量模块与传感器一起完成液压系统相关变量的采集。控制模块内部电源由智能闸控系统集中分配,采用硬线直接连接到相应的电源分配端子上。液压站控制模块的安装图如图 7.4 所示。

图 7.4　液压站控制模块的安装图

7.3.5　传感器的安装与接线

(1)间隙传感器的安装与接线。

①每个制动器配有一个间隙传感器,间隙传感器安装在制动器的后端盖上,利用螺纹孔进行固定。通过顺时针和逆时针转动传感器,可以调整传感器的安装位置。传感器的安装图如图 7.5 所示。

②根据传感器的量程范围,调整合适的推杆位置和探头距离。安装时,顺时针旋转传感器,将其逐渐向里推进,同时观察上位监控画面中相应传感器的初始位移值,调整位移值在 5 mm 左右的位置,然后将丝扣固定紧,以保证其±5 mm 的量程范围。

③间隙传感器的反馈为 0~10 mm 的位移信号对应 4~20 mA 的电流信号,为两线制连

接方式。具体电气接线为:棕——信号正,蓝——信号负。根据颜色将其接到检测箱内相应的端子上,具体请参照箱子端子接线图。

图 7.5　间隙传感器安装示意图

(2)温度与偏摆传感器的安装与接线

每面制动盘配置一路温度传感器和一路制动盘偏摆检测传感器,通过支架安装在相应的闸座上,利用螺纹孔进行固定。温度传感器探头与制动盘的间距为 15 mm 左右;偏摆传感器探头与制动盘的间距为 3 mm 左右。温度传感器的具体接线方式为:红——电源正,黑——电源负,黄——信号正,棕——信号负。偏摆传感器具体接线方式为:棕——电源正,黑——信号正,蓝——(电源负+信号负),根据颜色将其接到检测箱内相应的端子上,具体请参照箱子端子接线图。温度及偏摆传感器安装示意图如图 7.6 所示。

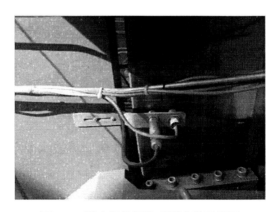

图 7.6　温度及偏摆传感器安装示意图

(3)液压站压力传感器的安装与接线

液压站压力传感器安装在液压站出口处的油路块上,利用螺纹孔进行固定。安装压力传感器时,一定要加密封圈拧紧。压力检测传感器的具体接线方式为:红——电源正,绿——信号正,黄——(电源负+信号负)。根据颜色将其接到液压控制柜内相应的端子上,具体请参照液压控制柜端子接线图。压力传感器安装示意图如图 7.7 所示。

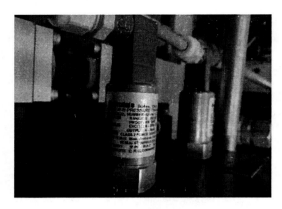

图 7.7　压力传感器安装示意图

（4）蓄能器压力传感器的安装与接线

每个蓄能器配置一路压力检测传感器,安装在蓄能器进口的油路块上,利用螺纹孔进行固定。安装压力传感器时,一定要加密封圈拧紧。压力检测传感器的具体接线方式为:红——电源正,绿——信号正,黄——（电源负+信号负）。根据颜色将其接到液压控制柜内相应的端子上,具体请参照液压控制柜端子接线图。蓄能器压力传感器安装示意图如图7.8 所示。

图 7.8　蓄能器压力传感器安装示意图

（5）电子式油温传感器的安装与接线

电子温度控制器安装在液压站油箱上,利用螺纹孔进行固定。安装温度传感器时,一定要加密封圈拧紧。温度传感器的具体接线方式为:棕——电源正,白——信号正,蓝——（电源负+信号负）。根据颜色将其接到液压控制柜内相应的端子上,具体请参照液压控制柜端子接线图。温度传感器安装示意图如图7.9 所示。

图 7.9 温度传感器安装示意图

（6）液位传感器

液压站液位传感器安装在油箱上,利用螺纹孔进行固定。安装传感器时,一定要加密封圈拧紧。根据颜色将其接到液压控制柜内相应的端子上,具体请参照液压控制柜端子接线图。液位传感器安装示意图如图 7.10 所示。

图 7.10 液位传感器安装示意图

（7）污染度检测仪

在线颗粒检测仪通过支架安装在油箱上,利用螺纹孔进行固定。检测仪的具体接线方式为:红——电源正,蓝——电源负,绿——通道 A 信号正,黄——通道 B 信号正,白——通道 C 信号正,黑——(电源负+信号负)。根据颜色将其接到液压控制柜内相应的端子上,具体请参照液压控制柜端子接线图。污染度检测仪安装示意图如图 7.11 所示。

图 7.11　污染度检测仪安装示意图

7.4　性能管理平台监测与测试

7.4.1　性能退化评估模块

根据上几节对管理平台软硬件的设计,最终设计的提升机制动系统管理平台的上位机主界面如图 7.12 所示,主界面上主要显示制动系统、子系统的性能指标以及重要的制动系统监测参数与它们的故障报警指示。

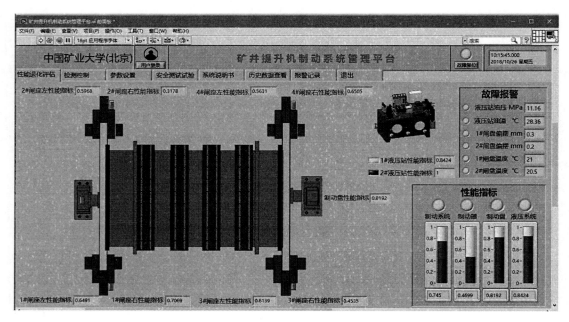

图 7.12　制动系统管理平台主界面

图 7.12 所示为提升机运行一个提升周期后性能退化程度计算的结果,从图中可以看出制动器子系统性能指标在 0.469 9,制动盘子系统性能指标在 0.819 2,液压站子系统性能指标在 0.842 4,制动系统总的性能指标为 0.745,总的来说,所有性能指标均在安全范围之内,设备可以正常运行;其中制动器子系统性能指标低的原因是 2#闸座右与 3#闸座右的性能指标较低,其值分别为 0.317 8 和 0.453 5。为分析闸座性能指标较低的原因,可以点击对应闸座附近的红色按钮,查看其中传感器的性能指标,四个闸座左右的红色按钮都摁下的制动系统管理平台主界面如 7.13 所示。

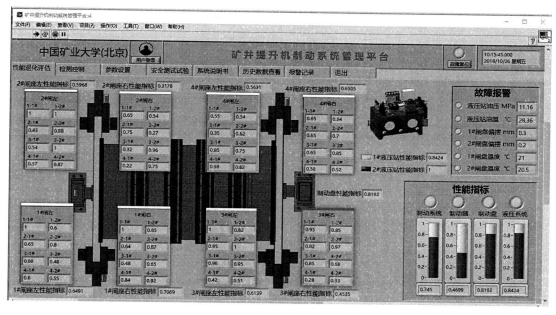

图 7.13　闸座子菜单选中后的主界面

从图 7.13 可以看出,2#闸座右中 2-2#间隙传感器与 4-1#间隙传感器的性能指标比较低,其值分别为 0.27 和 0.22;3#闸座右中 4-1#间隙传感器与 4-2#间隙传感器的性能指标较低,其值分别为 0.28 和 0.33。虽然这些传感器参数的性能指标较低,但也都属于可以使用的范围,这时应加强设备监护,可以利用停车时间进行相应制动器间隙的调整。若要进一步了解各制动器的闸瓦间隙,可以切换到检测控制界面进行查看,在图 7.14 所示的检测控制界面中,可以看到性能得分较低的传感器对应的间隙值在 1.87 mm 和 1.98 mm 之间,距报警值 2 mm 非常接近,应该在设备停车时间尽快调整。

7.4.2　检测控制模块

检测控制模块主要显示提升机制动系统主要的监测参数以及故障报警,图 7.14 为检测控制模块的界面。

从图 7.14 可以看到制动系统主要的监测数据,包括闸瓦间隙、闸盘偏摆、液压站油压等;由于液压站配置为一开一备,正常情况下只开一台液压站,当前界面中 1#液压站的指示灯亮、2#液压站的指示灯不亮,说明1#液压站开启;故障报警指示灯全部为绿色,说明各主要监测参数均在正常范围内工作,制动系统运行正常。

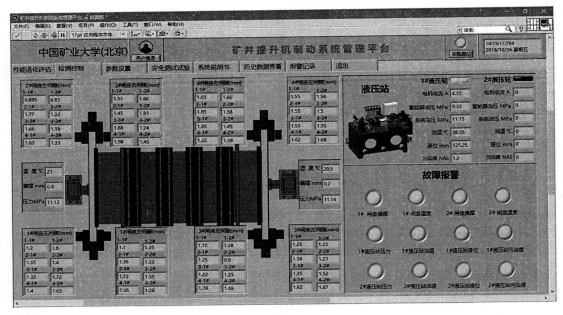

图7.14　检测控制模块界面

7.4.3　安全测试试验

基于安全测试试验的性能退化评估和故障诊断为定期进行,根据中信重工闸控系统产品说明书,要求半个月进行一次恒减速试验,本书提出的安全制动测试试验可与此试验同时进行。图7.15是安全测试试验界面。

每次测试完成后就可以显示制动系统在健康状态下和测试试验的时间-压力曲线以及性能退化评估结果。从图7.15中性能退化分析结果可以看出,制动系统性能得分为0.95,性能评估结果指示灯为绿色,制动系统在正常范围之内,不需要启动故障诊断程序。

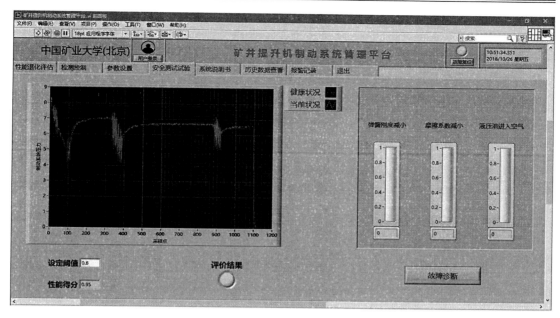

图 7.15　安全测试试验界面

7.5　本章小结

本章从硬件、软件的设计方案,硬件设备的现场安装及接线以及性能管理平台监测和实验四个方面详细阐述了制动系统管理平台,最后又在提升机实验台进行了实测,验证了性能管理平台能全面、准确、直观、定量地描述提升机制动系统当前所处的性能状态,验证了安全制动测试试验方案的可行性。具体综合管理平台实现了以下功能:

(1)实现闸瓦间隙,制动盘温度,制动盘偏摆,制动系统油压,液压站油温、油压、油量、油液污染度等参数的实时动态监测以及故障报警。

(2)从实时监测数据分析制动系统性能退化程度,实现制动系统及其子系统、各传感器性能退化度的计算。

(3)定期安全制动测试试验,用安全制动测试试验的压力–时间数据对制动系统性能退化程度进行评估,在评估指标达到自适应设定阈值后自动启动故障诊断程序,诊断引起性能退化的原因及其严重程度。

(4)可以实现对系统内部某些特定参数的修改和故障复位,查看故障记录及历史数据等操作。

第8章　结论与展望

8.1　结　　论

本书重点研究制动系统的性能退化评估和故障诊断方法。由于实际的监测数据中缺乏研究制动系统性能退化以及故障诊断的相关数据，因此采用搭建制动系统仿真平台的手段来解决这一问题。本书采用动力学分析建立数学模型、搭建仿真平台模拟系统性能退化以及仿真和实验数据验证相结合的研究手段进行制动系统性能退化和故障诊断方法研究。本书的主要工作如下：

（1）系统阐述了提升机制动系统及恒减速相关理论及《煤矿安全规程》要求，对制动器及提升机恒减速制动进行了动力学分析，建立了制动器的状态方程，得到了提升部的减速度计算数学模型；对恒减速制动系统的核心液压元件电磁比例方向阀进行了力学分析，列写了流量平衡方程和力平衡方程，得到电液比例方向阀的电压与位移的传递函数；把比例方向阀每一个阀口当作可变的非线性阻尼器，利用流量方程得到阀芯位移与流量的数学模型；分析了管路的分布参数模型，其中耗散模型相对精确，但其串联阻抗中含有复杂的赛贝尔函数，且在管路的数学模型中还含有复变量的双曲函数。综合考虑，选择了 Tirkha 一阶惯性的近似模型来近似计算串联阻抗，根据 Oldenburger 提出的双曲函数无穷乘积级数展开这一近似算法计算双曲函数，得到精度高且计算复杂度相对低的管路数学模型。建立了提升机恒减速制动的传递函数，并采用双 PID 对系统进行校正。

（2）根据理论分析所建立的数学模型，利用 Matlab/Simulink 仿真平台，基于节点容腔思想搭建了提升机制动系统的仿真模型，验证了仿真平台的正确性；利用仿真平台和 Signal Constraints 工具箱对恒减速制动系统的双 PID 参数进行了优化，为工程中的 PID 整定提供了参考；利用所建的仿真平台模拟了制动系统典型的弹簧刚度减小、摩擦因素减小以及液压油中进入空气的性能退化，通过性能退化仿真分析表明：主要部件性能下降时，并不会立即引起制动系统故障，而是系统性能退化，这些退化表现为恒减速制动时系统压力降低、开闸间隙变大、合闸时间变长等；当系统性能退化到一定程度才会出现制动减速度不符合要求、制动器开闸间隙过大、空动时间过长等故障。恒减速制动系统在恒减速制动时的时间−压力曲线隐含着丰富的运行状态信息，其压力下降段可以对弹簧刚度减小、开闸间隙变大等性能退化或故障进行评估或诊断，压力调整及稳定阶段可以对摩擦因数减小性能退化或故障进行评估或诊断。可以利用恒减速制动时的时间−压力曲线提取特征参数来进行制动系统总体的性能退化评估和故障诊断。

（3）提出一种安全制动测试试验，利用该试验可以定期测试制动系统性能；提出利用安全制动试验时的压力-时间曲线提取特征进行制动系统性能退化评价及故障诊断的方法；仅利用压力传感器采集到的连续信号，就能获取性能退化与故障诊断的特征参数，克服了多传感器的信号不同步、特征参数不能精确获取的问题；仅压力传感器采集的信号不仅可以对制动系统的总体性能进行评估，对引起性能退化的各种故障及其严重程度进行诊断，而且可以诊断出摩擦因数减小等不易监测的故障。

（4）提出基于相关性、单调性和预测性的一种性能退化评估特征选取方法；基于小波理论构造了复小波核函数、能逼近特征空间上的任意分界面、评估精度高、变步长果蝇优化算法优化速度快且可以有效避免陷入局部最优的特点，构造了基于变步长果蝇优化算法优化复小波核函数支持向量数据描述（VSFOA- CGWSVDD）的性能评估模型。提出一种基于类间平均距离、类间-类内综合距离、Fisher 得分、数据方差以及相关系数的故障诊断特征参数综合评价方法，特征优选判据选取故障敏感度高的特征作为故障诊断的特征参数。最后用BP 神经网络进行故障诊断，用仿真和试验数据证明了所提出的方法的可靠性和实用性。

（5）针对提升机制动系统监测参数众多，但这些参数仅起到阈值报警，未能充分挖掘处理的现状，提出一种基于状态监测数据的三级模糊综合评判与 BP 神经网络（TLFCA-BPNN）相结合的制动系统性能评价方法。利用多时间点融合和多传感器融合把多个传感器监测到的制动系统多维运行状态信息转化为制动系统性能退化状态的指标，分别得到传感器、子系统及系统的性能指标。根据制动系统结构及各传感器功能划分因素论域，根据性能退化程度设置评语集，基于专家打分、客观定权与层次分析相结合方法确定各传感器权重，用神经网络完成了从模糊综合评判到精确性能指标值的量化。

（6）从硬件设计方案、软件设计方案、硬件设备现场安装及接线和管理平台监测四个方面详细阐述了制动系统管理平台，最后在提升机使用现场进行了工业性实测。实现了闸瓦间隙、制动盘偏摆、制动系统油压、液压站油液污染度等重要参数的动态监测以及故障报警；实现了从实时监测数据分析制动系统性能退化程度，实现了制动系统及其子系统、各传感器性能退化度的计算；完成了安全制动测试试验，用安全制动测试试验的压力-时间数据对制动系统性能退化程度进行评估，在评估指标达到自适应设定阈值后自动启动故障诊断程序，诊断引起性能退化的原因及其严重程度；可以完成对系统内部某些特定参数的修改和故障复位，查看故障记录及调取历史曲线等操作。验证了管理平台能全面、准确、直观、定量地描述提升机制动系统当前所处的性能退化状态，验证了安全制动测试试验方案的可行性。

8.2 创 新 点

本书创新点主要包括以下几点：

（1）建立了矿井提升机恒减速制动系统的动力学模型，开发了基于 Matlab/Simulink 的仿真平台，建立了制动系统性能退化数据库，提出了采用恒减速制动时的压力-时间数据作为制动系统性能退化的表征参数。

（2）定义了安全制动测试试验，利用该安全制动测试试验的压力-时间数据，提出了制动系统性能退化评估 VSFOA-CGWSVDD 方法，实现了制动系统的定期性能退化评估。

（3）融合温度、偏摆、闸间隙等多种传感器数据，提出了制动系统性能评估 TLFCA-BPNN 方法，实现了制动系统的实时性能退化评估。

（4）开发了基于 Labview 的制动系统管理平台，实现了制动系统运行状态的实时监测以及基于多传感器监测数据的制动系统性能退化评估、基于安全制动测试试验的制动系统性能退化评估与故障诊断。

8.3 展 望

本书对矿井提升机及制动系统的性能退化评估与故障诊断方法展开研究，针对研究的局限性，需进一步开展的工作如下：

（1）搭建的制动系统仿真平台简化了众多因素，如把蓄能器简化为恒压源、忽略滤油器的液阻、管道和液压缸腔内不会出现饱和或空穴现象等，另外，搭建的实验台没有考虑液压泵的供油过程，没有研究供油过程中制动系统的动态特性，因此，需要搭建更加完善的仿真平台。

（2）求取了恒减速制动系统的传递函数，但仅利用传递函数进行了恒减速制动仿真，未能用传递函数进一步研究制动系统的智能控制方法，如人工智能算法与 PID 结合方法、模糊控制与 PID 结合方法等，以获得更好的恒减速制动性能和更高的控制精度。

（3）基于安全制动测试试验的制动系统性能退化评估与故障诊断方法研究时，试验数据较少，仅限制在摩擦因数减小时的性能降低，未能涵盖所有制动系统性能退化状态，还需要在实际运行中根据性能分析结果逐步完善数据库，才能取得更优越的性能退化评估和故障诊断效果；有必要进一步研究基于性能退化数据的制动系统剩余寿命预测方法。

（4）本书提出一种基于多传感器状态监测数据的 TLFCA-BPNN 制动系统性能评价方法，但由于传感器数量众多，怎样更加合理、更加科学地确定每一个传感器权重还需要进一步研究；TLFCA-BPNN 方法对计算机的计算速度要求较高，需要配置高的主控制计算机才能完成实时的性能退化评估，需要进一步研究评估精度更高、计算复杂度更小的性能评估方法。

参 考 文 献

［1］ 郑丰隆. 煤矿主井提升坠斗事故控制的研究［D］. 青岛：山东科技大学，2006.

［2］ 王峰. 网络环境下矿井提升机智能故障诊断关键技术研究［D］. 徐州：中国矿业大学，2013.

［3］ HAN M J, LEE C H, PARK T W, et al. Coupled thermo-mechanical analysis and shape optimization for reducing uneven wear of brake pads［J］. International Journal of Automotive Technology, 2017, 18(6):1027-1035. DOI:10.1007/s12239-017-0100-y.

［4］ ALEXANDER D C, ORR G B. The evaluation of occupational ergonomics programs［C］// Proceedings of the Human Factors and Ergonomics Society Annual Meeting. Sage CA: Los Angeles, CA: SAGE Publications, 1992, 36(10): 697-701.

［5］ ABEYSEKERA J D A, SHAHNAVAZ H. Ergonomics aspects of personal protective equipment: Its use in industrially developing countries［J］. Journal of Human Ergology, 1988, 17(1): 67-79.

［6］ YANG I, LEE W, HWANG I. A Model-Based Design Analysis of Hydraulic Braking System［C］//SAE 2003 World Congress & Exhibition. 2003. DOI:10.4271/2003-01-0253.

［7］ 张翱. 列车轴承故障道旁声学诊断关键技术研究［D］. 合肥：中国科学技术大学，2014.

［8］ 华伟. 基于多小波变换的矿用齿轮箱故障诊断研究［D］. 北京：中国矿业大学（北京），2017.

［9］ 国家中长期科学和技术发展规划纲要（2006—2020 年）［J/OL］. https://www.gov.cn/jrzg/2006-02/09/content-183787.htm.

［10］ 胡静. 基于多元统计分析的故障诊断与质量监测研究［D］. 杭州：浙江大学，2015.

［11］ HESS A, CALVELLO G, DABNEY T. PHM a key enabler for the JSF autonomic logistics support concept［C］. Aerospace Conference 2004 Proceedings. 2004 IEEE, 2004：3543-3550.

［12］ HESS A, CALVELLO G, FRITH P, et al. Challenges, issues, and lessons learned chasing the "Big P". Real predictive prognostics. Part 2［J］IEEE［2024-09-03］. DOI：10.1109/AERO. 2006. 1656124.

［13］ SCHEUREN W, CALDWELL K, GOODMAN G, et al. Joint strike fighter prognostics and health management［C］//Proceedings of the 34th AIAA/ASME/SAE/ASEE Joint Propulsion Conference and Exhibit. Cleveland, OH, USA. Reston, Viriginia: AIAA,

1998: AIAA1998-3710.

[14] SANDBORN P. A decision support model for determining the applicability of prognostic health management (PHM) approaches to electronic systems[C]//Annual Reliability and Maintainability Symposium, 2005. Proceedings. Alexandria, VA, USA. IEEE, 2005.

[15] CHOI M Y, KANG K K, KIM J W, et al. The real-time health monitoring system of a large structure based on nondestructive testing[C]//Smart Nondestructive Evaluation and Health Monitoring of Structural and Biological Systems II", "SPIE Proceedings. San Diego, CA. SPIE, 2003: 386-391.

[16] JUST V E, RICARD B, CHATELLIER L, et al. Information processing techniques: A major asset for the aging and life management of key NPP components[C]//Proceedings of ASME 2005 Pressure Vessels and Piping Conference, Denver, Colorado, USA. 2008: 49-64.

[17] LEE J, WU F J, ZHAO W Y, et al. Prognostics and health management design for rotary machinery systems—Reviews, methodology and applications[J]. Mechanical Systems and Signal Processing, 2014, 42(1/2): 314-334.

[18] LEE J. Intelligent Maintenance Systems (IMS) Technologies. www. imscenter. net.

[19] DJURDJANOVIC D, LEE J, NI J. Watchdog Agent—An infotronics-based prognostics approach for product performance degradation assessment and prediction[J]. Advanced Engineering Informatics, 2003, 17(3/4): 109-125.

[20] ZHANG Z W,CHEN H H,LI S M,et al. A novel sparse filtering approach based on time-frequency feature extraction and softmax regression for intelligent fault diagnosis under different speeds[J]. 中南大学学报(英文版):2019, 26(6):12.

[21] SHI J C, REN Y, TANG H S, et al. Hydraulic directional valve fault diagnosis using a weighted adaptive fusion of multi-dimensional features of a multi-sensor[J]. 浙江大学学报(英文版)A辑:应用物理与工程, 2022, 23(4):257-271.

[22] 张可,周东华,柴毅. 复合故障诊断技术综述[J]. 控制理论与应用, 2015,32(9): 1143-1157.

[23] TRAN V T, THOM PHAM H, YANG B S, et al. Machine performance degradation assessment and remaining useful life prediction using proportional hazard model and support vector machine[J]. Mechanical Systems and Signal Processing, 2012, 32: 320-330.

[24] LEE J. Measurement of machine performance degradation using a neural network model [J]. Computers in Industry, 1996, 30(3): 193-209.

[25] OCAK H, LOPARO K A, DISCENZO F M. Online tracking of bearing wear using wavelet packet decomposition and probabilistic modeling: A method for bearing prognostics [J]. Journal of Sound and Vibration, 2007, 302(4/5): 951-961.

［26］ ZHANG L, CAO Q X. Machine performance degradation assessment based on PCA-FC-MAC［C］//2008 Fourth International Conference on Natural Computation. Jinan, Shandong, China. IEEE, 2008, 2: 443-447.

［27］ ZHANG L, CAO Q X, LEE J, et al. PCA-CMAC based machine performance degradation assessment［J］. Journal of Southeast University (English Edition), 2005, 21(3): 299-303.

［28］ 李巍华, 戴炳雄, 张绍辉. 基于小波包熵和高斯混合模型的轴承性能退化评估［J］. 振动与冲击, 2013, 32(21): 35-40.

［29］ 胡姚刚, 李辉, 廖兴林, 等. 风电轴承性能退化建模及其实时剩余寿命预测［J］. 中国电机工程学报, 2016, 36(6): 1643-1649.

［30］ WANG L, ZHANG L, WANG X Z. Reliability estimation and remaining useful lifetime prediction for bearing based on proportional hazard model［J］. Journal of Central South University, 2015, 22(12): 4625-4633.

［31］ HUANG R Q, XI L F, LI X L, et al. Residual life predictions for ball bearings based on self-organizing map and back propagation neural network methods［J］. Mechanical Systems and Signal Processing, 2007, 21(1): 193-207.

［32］ 康守强, 王玉静, 崔历历, 等. 基于CFOA-MKHSVM的滚动轴承健康状态评估方法［J］. 仪器仪表学报, 2016, 37(9): 2029-2035.

［33］ YU J B. Bearing performance degradation assessment using locality preserving projections and Gaussian mixture models［J］. Mechanical Systems and Signal Processing, 2011, 25(7): 2573-2588.

［34］ PAN Y N, CHEN J, GUO L. Robust bearing performance degradation assessment method based on improved wavelet packet-support vector data description［J］. Mechanical Systems and Signal Processing, 2009, 23(3): 669-681.

［35］ 王红军, 邹安南, 左云波. 基于电流的主轴性能退化评估方法［J］. 北京理工大学学报, 2019, 39(1): 22-27.

［36］ 郭磊, 陈进, 赵发刚, 等. 基于支持向量机的几何距离方法在设备性能退化评估中的应用［J］. 上海交通大学学报, 2008, 42(7): 1077-1080.

［37］ TOBON-MEJIA D A, MEDJAHER K, ZERHOUNI N. CNC machine tool's wear diagnostic and prognostic by using dynamic Bayesian networks［J］. Mechanical Systems and Signal Processing, 2012, 28: 167-182.

［38］ PAN Y N, CHEN J, LI X L. Bearing performance degradation assessment based on lifting wavelet packet decomposition and fuzzy c-means［J］. Mechanical Systems and Signal Processing, 2010, 24(2): 559-566.

［39］ OCAK H, LOPARO K A. A new bearing fault detection and diagnosis scheme based on hidden Markov modeling of vibration signals［J］. IEEE, 2001, 5: 3141-3144. DOI: 10.

1109/ICASSP. 2001. 940324.

[40] 刘韬. 基于隐马尔可夫模型与信息融合的设备故障诊断与性能退化评估研究[D]. 上海:上海交通大学, 2014.

[41] 吴军, 郝刚, 邓超, 等. 基于模糊 C-均值聚类的轴承性能衰退评估方法[J]. 计算机集成制造系统, 2015, 21(4): 1046-1050.

[42] TOBON-MEJIA D A, MEDJAHER K, ZERHOUNI N, et al. A data-driven failure prognostics method based on mixture of Gaussians hidden Markov models[J]. IEEE Transactions on Reliability, 2012, 61(2): 491-503.

[43] 李震. 往复压缩机性能退化评估方法研究[D]. 昆明:昆明理工大学, 2017.

[44] WANG T Y, YU J B, SIEGEL D, et al. A similarity-based prognostics approach for Remaining Useful Life estimation of engineered systems[C]//2008 International Conference on Prognostics and Health Management. Denver, CO, USA. IEEE, 2008: 1-6.

[45] XI Z M, JING R, WANG P F, et al. A copula-based sampling method for data-driven prognostics[J]. Reliability Engineering & System Safety, 2014, 132: 72-82.

[46] YAN J H, KOÇ M, LEE J. A prognostic algorithm for machine performance assessment and its application[J]. Production Planning & Control, 2004, 15(8): 796-801.

[47] 廖雯竹. 基于设备衰退机制的预知性维护策略及生产排程集成研究[D]. 上海:上海交通大学, 2011.

[48] 胡姚刚. 大功率风电机组关键部件健康状态监测与评估方法研究[D]. 重庆:重庆大学, 2017.

[49] 程宏波. 计及不确定性的牵引供电系统健康诊断及风险评估方法研究[D]. 成都:西南交通大学, 2014.

[50] 孟成. 含供气环节的重型燃气轮机仿真及性能退化预估[D]. 上海:上海交通大学, 2015.

[51] 潘罗平. 基于健康评估和劣化趋势预测的水电机组故障诊断系统研究[D]. 北京:中国水利水电科学研究院, 2013.

[52] 肖剑. 水电机组状态评估及智能诊断方法研究[D]. 武汉:华中科技大学, 2014.

[53] WANG Z F, ZARADER J L, ARGENTIERI S. A novel aircraft engine fault diagnostic and prognostic system based on SVM[C]//2012 IEEE International Conference on Condition Monitoring and Diagnosis. Bali, Indonesia. IEEE, 2012: 723-728.

[54] 谢晓龙. 航空发动机性能评价与衰退预测方法研究[D]. 哈尔滨:哈尔滨工业大学, 2016.

[55] 付宇, 殷逸冰, 冯正兴, 等. 融合静电信号和气路参数的发动机性能评估方法[J]. 推进技术, 2019, 40(2): 449-455.

[56] 李冬, 李本威, 王永华, 等. 基于聚类和多尺度优化的超球体核距离评估的航空发动机性能衰退[J]. 推进技术, 2013, 34(7): 977-983.

［57］ 洪骥宇，王华伟，倪晓梅. 基于降噪自编码器的航空发动机性能退化评估[J]. 航空动力学报，2018,33（8）:2041-2048.

［58］ 李映颖，谭光宇，陈友龙. 基于飞行数据的航空发动机健康状况分析[J]. 哈尔滨理工大学学报，2011，16（5）：43-46.

［59］ 张彬. 数据驱动的机械设备性能退化建模与剩余寿命预测研究[D]. 北京：北京科技大学，2016.

［60］ 谭巍，徐健，张睿. 基于核主成分分析的发动机性能衰退评估[J]. 沈阳航空航天大学学报，2014，31（3）：92-96.

［61］ 于海田，王华伟，李强. 航空发动机健康综合评估研究[J]. 机械科学与技术，2011，30（6）：996-1000.

［62］ 王俨剀，廖明夫. 航空发动机健康等级综合评价方法[J]. 航空动力学报，2008，23（5）：939-945.

［63］ 杨洲，景博，张劼. 航空发动机健康评估变精度粗糙集决策方法[J]. 航空动力学报，2013，28（2）：283-289.

［64］ WHITEHEAD J D, ROACH J W. Hoist：A second-generation expert system based on qualitative physics[J]. Ai Magazine, 1990, 11（3）:108-119.

［65］ XU C . Application of genrel for maintainability analysis of underground mining equipment：Based on case studies of two hoist systems ［D］. Sudbury：Laurention University,2014.

［66］ SOTTILE J , HOLLOWAY L E . An overview of fault monitoring and diagnosis in mining equipment[J]. IEEE Transactions on Industry Applications, 1994, 30（5）:1326-1332.

［67］ ABB AB. ABB mine hoist systems final. pdf ［DB/OL］. https:// library. e. abb. cc, 2017.

［68］ POFDENROTH D. Flaw detection in mine hoist transportation systems electromagnetic methods of nondestructive testing. Edited by Williams Lord. Nondestructive Testing Monographs and Tracts, Vol. 3, pp. 35-69. Gordon and Breach Science Publishers（1985）[J]. Ndt & E International, 1991, 24（6）:328-329.

［69］ 郭文平. 瑞典 ABB 公司矿井提升机的安全保护系统分析[J]. 矿山机械，1997，25（6）：25-28.

［70］ 赵君兰. 智能化矿井提升机制动系统检测装置的开发[D]. 西安：西安科技大学，2011.

［71］ 李吉宝，李树涛. 提升机故障诊断专家系统研究[J]. 煤炭技术，2005，24（5）：14-16.

［72］ 高奇峰. 矿井提升机制动系统远程监测与诊断试验研究[D]. 太原：太原理工大学，2005.

［73］ 李旭妍. 基于 CAN 总线的提升机制动器监测系统的研究[D]. 太原：中北大学，2007.

[74] 李建军. 矿山井下主配设备安全预警关键技术研究[D]. 长沙：中南大学，2013：29-31.

[75] 《矿井提升机故障处理和技术改造》编委会. 矿井提升机故障处理和技术改造[M].
2 版. 北京：机械工业出版社，2016.

[76] 李娟娟，张伟，孟国营，等. 矿井提升机制动系统故障诊断研究综述[J]. 煤炭工程，2017，49(10)：154-157.

[77] 李文江，屈海峰，马云龙. 基于 BP 神经网络的矿井提升机故障诊断研究[J]. 工矿自动化，2010，36(4)：44-47.

[78] 刘景艳，王福忠，李玉东. 基于粒子群网络的提升机制动系统故障诊断[J]. 控制工程，2016，23(2)：294-298.

[79] 张强，胡南，李宏峰. 矿井提升机制动器的 GA-BP 故障诊断[J]. 辽宁工程技术大学学报(自然科学版). 2016，35(2)：155-159.

[80] 刘锦荣，王绍进，任芳，等. 基于遗传算法优化 BP 神经网络的提升机制动系统故障诊断[J]. 煤矿机械，2011，32(5)：246-248.

[81] 张庚云. 基于 SOM 网络的矿井提升机制动器可视化故障诊断[J]. 矿山机械，2011，39(4)：48-52.

[82] 雷勇涛. 基于神经网络的提升机制动系统故障诊断技术与方法[D]. 太原：太原理工大学，2010.

[83] 李娟莉，杨兆建. 基于本体的矿井提升机故障诊断方法[J]. 振动 测试与诊断，2013，33(6)：993-997.

[84] 董黎芳，孙伟，赵俊，等. 基于支持向量机的矿井提升机制动系统的故障诊断[J]. 机械工程与自动化，2010(2)：124-126.

[85] 王莹，高雅利，马建伟. 基于次序二叉树 SVM 的矿井提升机制动系统故障诊断[J]. 矿山机械，2011，39(9)：46-49.

[86] 郭小荟，马小平. 基于支持向量机的提升机制动系统故障诊断[J]. 中国矿业大学学报，2006，35(6)：813-817.

[87] 王正友，刘济林. 提升机制动系统故障的信息融合诊断[J]. 煤炭学报. 2003，28(6)：650-654.

[88] 王健，王绍进，李娟丽等. 信息融合技术在矿井提升机制动器故障诊断中的应用研究[J]. 煤矿机械. 2012，33(07)：247-249.

[89] 李娟莉，杨兆建. 提升机故障诊断不确定性推理方法[J]. 煤炭学报. 2014. 39（3）：586-592.

[90] 练睿. 矿井提升机制动系统故障诊断研究[D]. 杭州：浙江大学，2014.

[91] 王守军. 瑞典 ABB 公司矿井提升机的闸控系统分析[J]. 煤矿现代化. 2008(4)：74-75.

[92] 肖兴明等. 矿井提升机技术测定培训教材[M]. 北京：中国矿业大学机电学院机械系，1991.

[93] 鲍久圣. 提升机紧急制动闸瓦摩擦磨损特性及其突变行为研究[D]. 徐州：中国矿

业大学，2009.

[94]　国家安全生产监督管理局.《煤矿安全规程》[J]．劳动保护，2005(1):i004-i011.

[95]　李娟娟，孟国营，汪爱明，等．一种矿井提升机智能防滑安全制动系统[P]．中国专利，ZL201610987045.1.

[96]　刘建永．矿井提升机监控系统的分析与设计[D]．北京：中国地质大学(北京)，2009.

[97]　葛世荣，曲荣廉，谢维宜．矿井提升机可靠性技术[M]．北京：中国矿业大学出版社，1994.

[98]　李玉瑾，寇子明．矿井提升系统基础理论[M]．北京：煤炭工业出版社，2013.

[99]　刘海涛．交流提升机改造中的制动系统性能的研究[D]．兰州：兰州理工大学，2007.

[100]　朱真才．矿井提升过卷冲击动力学研究[D]．徐州：中国矿业大学，2000.

[101]　李娟娟，胡亮，孟国营，等．矿井提升机恒减速制动系统故障仿真分析[J]．工矿自动化，2017，43(8)：55-60.

[102]　康喜富．大型矿用提升机恒减速制动电液控制系统性能研究[D]．太原：太原理工大学，2017.

[103]　张革斌．铜电解阳极自动生产线中铣耳机组控制系统设计、建模及仿真研究[D]．成都：西南交通大学，2006.

[104]　殷丽萍．加热炉运动设备建模与控制仿真研究[D]．沈阳：东北大学，2012.

[105]　蔡康雄．注塑机超高速注射液压系统与控制研究[D]．广州：华南理工大学，2011.

[106]　郭北涛．电磁阀检测系统的研发及相关流体控制技术的研究[D]．沈阳：东北大学，2010.

[107]　翟大勇，周志鸿，侯友山，等．基于Simulink的压路机振动液压系统管路动态特性仿真研究[J]．液压气动与密封，2010，30(3)：11-15.

[108]　安骥．非插入式液压系统管路压力与流量测量技术研究[D]．大连：大连海事大学，2010.

[109]　孟庆鑫，董春芳．具有长管路的阀控非对称缸液压系统动态特性研究[J]．中国机械工程，2010，21(18)：2165-2169.

[110]　高钦和．液压系统动态仿真中的一种管道模型及其实现[C]// 系统仿真技术及其应用(第7卷)——'2005 系统仿真技术及其应用学术交流会论文选编. 广州，2005：80-82.

[111]　BARANOVA I V , PARFENENKO Y V , NENJA V G . Complex mathematical model for computer calculation of delivery and heat distribution in pipeline system[J]. IEEE, 2011. DOI:10. 1109/IDAACS. 2011. 6072828.

[112]　WOLDEYOHANNES A D , MAJID M A A . Simulation model for natural gas transmis-

sion pipeline network system[J]. Simulation Modelling Practice and Theory, 2011, 19 (1):196-212.

[113] BARTECKI K . Transfer function models for distributed parameter systems:Application in pipeline diagnosis[C]//Control & Fault-tolerant Systems. IEEE, 2016. DOI:10. 1109/ SYSTOL. 2016. 7739742.

[114] 董春芳, 冯国红, 孟庆鑫. 水下作业机具液压系统管路动态特性的简化建模[J]. 中国机械工程, 2014, 25(22):2992-2996.

[115] 阮晓芳. 带长管道阀控系统的动态特性研究[D]. 杭州:浙江大学 2003.

[116] 孔晓武. 带长管道的负载敏感系统研究[D]. 杭州:浙江大学, 2003.

[117] 王积伟. 液压传动[M]. 3 版. 北京:机械工业出版社, 2018.

[118] 高钦和, 马长林. 液压系统动态特性建模仿真技术及应用[M]. 北京:电子工业出版社, 2013.

[119] 赵亮. 液压提升机电液比例伺服系统研究[D]. 徐州:中国矿业大学, 2011.

[120] 张春辉. 100 吨矿用自卸车电液控制系统性能研究[D]. 秦皇岛:燕山大学, 2015.

[121] 林国重, 盛东初. 液压传动与控制[M]. 北京:北京工业学院出版社, 1987.

[122] 高钦和, 王孙安, 黄先祥. SIMULINK 下液压系统仿真模型库的建立[C]//系统仿真技术及其应用学术交流会论文集. 合肥, 2006.

[123] 数字式比例换向阀, 高性能, 直动式, 带继承放大器, LVDT 传感器和正遮盖阀芯[EB/OL]. https://www. atos. com/tables/chinese/FS165. pdf.

[124] LI J J, MENG G Y, WANG A M, et al. Simulation platform for constant deceleration braking system based on Simulink[J]. Australian Journal of Mechanical Engineering, 2018, 16(sup1): 105-111.

[125] 李娟娟, 胡亮, 孟国营, 等. 矿井提升机恒减速制动系统故障仿真分析[J]. 工矿自动化, 2017, 43(8): 55-60.

[126] THEODORODIS S , KOUTROUMBAS K. 模式识别[M].4 版,李晶皎,王爱霞,王娇,等译.北京:电子工业出版社,2016.

[127] 杨小玲. 高光谱图像技术检测玉米种子品质研究[D]. 杭州:浙江大学, 2016.

[128] 陈中杰, 蔡勇, 蒋刚. 复高斯小波核函数的支持向量机研究[J]. 计算机应用研究, 2012, 29(9): 3263-3265.

[129] 张健, 郭星, 李炜. 基于果蝇优化算法的 WSN 节点定位研究[J]. 微电子学与计算机, 2018(4):89-92.

[130] KANARACHOS S, GRIFFIN J, FITZPATRICK M E. Efficient truss optimization using the contrast-based fruit fly optimization algorithm[J]. Computers & Structures, 2017, 182: 137-148.

[131] 张祎冉. 基于果蝇算法的自适应 KFCM 和关联规则挖掘研究[D]. 西安:西安理工大学, 2017.

［132］ ZHANG Y W, WU J T, GUO X, et al. Optimising web service composition based on differential fruit fly optimisation algorithm［J］. International Journal of Computing Science and Mathematics, 2016, 7(1): 87.

［133］ 皮骏, 马圣, 张奇奇, 等. 基于改进果蝇算法优化的 GRNN 航空发动机排气温度预测模型［J］. 航空动力学报, 2019, 34(1): 8-17.

［134］ 程慧, 刘成忠. 基于混沌映射的混合果蝇优化算法［J］. 计算机工程, 2013, 39(5):218-221

［135］ 刘翠玲, 张路路, 王进旗, 等. 基于 FOA-GRNN 油井计量原油含水率的预测［J］. 计算机仿真, 2012, 29(11): 243-246.

［136］ 王承双. 3σ 准则与测量次数 n 的关系［J］. 长沙电力学院学报(自然科学版), 1996, (01):73-74.

［137］ HAN T, LIU C, WU L J, et al. An adaptive spatiotemporal feature learning approach for fault diagnosis in complex systems［J］. Mechanical Systems and Signal Processing, 2019, 117: 170-187.

［138］ YANG B S, HAN T, YIN Z J. Fault diagnosis system of induction motors using feature extraction, feature selection and classification algorithm［J］. JSME International Journal Series C, 2006, 49(3): 734-741.

［139］ 程晓涵, 汪爱明, 花如祥, 等. 24 种特征指标对轴承状态识别的性能研究［J］. 振动 测试与诊断, 2016, 36(2): 351-358.

［140］ WANG Y R, JIN Q, SUN G D, et al. Planetary gearbox fault feature learning using conditional variational neural networks under noise environment［J］. Knowledge-Based Systems, 2019, 163: 438-449.

［141］ BOUCHAREB I, LEBAROUD A, BENTOUNSI A. Optimum feature extraction and selection for automatic fault diagnosis of reluctance motors［C］//IECON 2014 - 40th Annual Conference of the IEEE Industrial Electronics Society. Dallas, TX, USA. IEEE, 2014.

［142］ LI B, ZHANG P L, TIAN H, et al. A new feature extraction and selection scheme for hybrid fault diagnosis of gearbox［J］. Expert Systems with Applications, 2011, 38(8): 10000-10009.

［143］ LI J J, WANG A M, MENG G Y, et al. Fault diagnosis in braking system of mine hoist based on the moment characteristics［C］//Computer Science & Information Technology (CS & IT). Academy & Industry Research Collaboration Center (AIRCC), 2017.

［144］ EREN L, INCE T, KIRANYAZ S. A generic intelligent bearing fault diagnosis system using compact adaptive 1D CNN classifier［J］. Journal of Signal Processing Systems, 2019, 91(2): 179-189.

［145］ VAN M, KANG H J. Bearing-fault diagnosis using non-local means algorithm and empirical mode decomposition-based feature extraction and two-stage feature selection[J]. IET Science, Measurement & Technology, 2015, 9(6): 671-680.

[146] SILVA R G, WILCOX S J. Feature evaluation and selection for condition monitoring using a self-organizing map and spatial statistics[J]. Artificial Intelligence for Engineering Design, Analysis and Manufacturing. 2019, 33(1): 1-10.

[147] 梁永礼. 新常态下我国金融安全实证分析 [J]. 经济问题探索, 2016, 37(11): 128-137.

[148] 姚发闪. 基于多传感器信息融合技术的电梯智能诊断系统的研究[D]. 乌鲁木齐: 新疆大学, 2013.

[149] 许国根, 贾瑛. 实战大数据: MATLAB 数据挖掘详解与实践[M]. 北京: 清华大学出版社, 2017.

[150] 温正. 精通 MATLAB 智能算法[M]. 北京: 清华大学出版社, 2015.

[151] 梁永礼. 我国金融系统安全评价与风险预警研究 [D]. 北京: 北京交通大学, 2018.

[152] LI J J, HU L, MENG G Y, et al. Fault diagnosis for constant deceleration braking system of mine hoist based on principal component analysis and SVM[J]. MATEC Web of Conferences, 2017, 128: 05015.

[153] LI J J, MENG G Y, XIE G M, et al. Study on health assessment method of a braking system of a mine hoist[J]. Sensors, 2019, 19(4): 769.

[154] TIRI A, BELKHIRI L, MOUNI L. Evaluation of surface water quality for drinking purposes using fuzzy inference system [J]. Groundwater for Sustainable Development, 2018, 6: 235-244.

[155] WEI Y Y, ZHANG J Y, WANG J. Research on building fire risk fast assessment method based on fuzzy comprehensive evaluation and SVM[J]. Procedia Engineering, 2018, 211: 1141-1150.

[156] YANG W C, XU K, LIAN J J, et al. Multiple flood vulnerability assessment approach based on fuzzy comprehensive evaluation method and coordinated development degree model[J]. Journal of Environmental Management, 2018, 213: 440-450.

[157] WU D, YAN H Y, SHANG M S, et al. Water eutrophication evaluation based on semi-supervised classification: A case study in Three Gorges Reservoir[J]. Ecological Indicators, 2017, 81: 362-372.

[158] ZHAO H R, GUO S, ZHAO H R. Comprehensive assessment for battery energy storage systems based on fuzzy-MCDM considering risk preferences[J]. Energy, 2019, 168: 450-461.

[159] LIU D, WANG Q S, ZHANG Y, et al. A study on quality assessment of the surface EEG signal based on fuzzy comprehensive evaluation method[J]. Computer Assisted Surgery, 2019, 24(sup1): 167-173.

[160] HU J, CHEN J, CHEN Z, et al. Risk assessment of seismic hazards in hydraulic fracturing areas based on fuzzy comprehensive evaluation and AHP method (FAHP): A case analysis of Shangluo area in Yibin City, Sichuan Province, China[J]. Journal of Petroleum Science and Engineering, 2018, 170: 797-812.

[161] NABAVI-PELESARAEI A, RAFIEE S, MOHTASEBI S S, et al. Comprehensive model of energy, environmental impacts and economic in rice milling factories by coupling adaptive neuro-fuzzy inference system and life cycle assessment[J]. Journal of Cleaner Production. 2019, 217: 742-756.

[162] JAYAWICKRAMA H M M M, KULATUNGA A K, MATHAVAN S. Fuzzy AHP based Plant Sustainability Evaluation Method[J]. Procedia Manufacturing, 2017, 8: 571-578.

[163] ILBAHAR E, KARAŞAN A, CEBI S, et al. A novel approach to risk assessment for occupational health and safety using Pythagorean fuzzy AHP & fuzzy inference system [J]. Safety Science, 2018, 103: 124-136.

[164] WANG G, WANG Y, LIU L, et al. Comprehensive assessment of microbial aggregation characteristics of activated sludge bioreactors using fuzzy clustering analysis[J]. Ecotoxicology and Environmental Safety, 2018, 162: 296-303.

[165] WANG T, YAN J J, MA J L, et al. A fuzzy comprehensive assessment and hierarchical management system for urban lake health: A case study on the lakes in Wuhan city, Hubei Province, China[J]. International Journal of Environmental Research and Public Health, 2018, 15(12): 2617.

[166] DOŽIĆ S, LUTOVAC T, KALIĆ M. Fuzzy AHP approach to passenger aircraft type selection[J]. Journal of Air Transport Management, 2018, 68: 165-175.

[167] TAYLAN O, BAFAIL A O, ABDULAAL R M S, et al. Construction projects selection and risk assessment by fuzzy AHP and fuzzy TOPSIS methodologies[J]. Applied Soft Computing, 2014, 17: 105-116.

[168] FATTAHI R, KHALILZADEH M. Risk evaluation using a novel hybrid method based on FMEA, extended MULTIMOORA, and AHP methods under fuzzy environment[J]. Safety Science, 2018, 102: 290-300.

[169] LIAO H M, YANG X G, XU F G, et al. A fuzzy comprehensive method for the risk assessment of a landslide-dammed lake[J]. Environmental Earth Sciences, 2018, 77 (22): 750.

[170] Zhang J, Chen X, Sun Q. An Assessment Model of Safety Production Management Based on Fuzzy Comprehensive Evaluation Method and Behavior-Based Safety [7]. Mathematical Problems in Engineering, 2019, 2019(PT. 5): 1-11. DOI: 10. 1155/ 2019/4137035.

[171] 王悦. 纺织行业爆炸危险环境电气安全评价研究[D]. 天津: 天津工业大

学, 2017.

[172] GUO L J, GAO J J, YANG J F, et al. Criticality evaluation of petrochemical equipment based on fuzzy comprehensive evaluation and a BP neural network[J]. Journal of Loss Prevention in the Process Industries, 2009, 22(4): 469-476.

[173] LIMA F R JR, OSIRO L, CARPINETTI L C R. A comparison between Fuzzy AHP and Fuzzy TOPSIS methods to supplier selection[J]. Applied Soft Computing, 2014, 21: 194-209.

[174] MIKHAILOV L, TSVETINOV P. Evaluation of services using a fuzzy analytic hierarchy process[J]. Applied Soft Computing, 2004, 5(1):23-33.

[175] 聂仁东, 高永新, 张兰芬. 基于 LabVIEW 的矿井提升机监控系统的研究[J]. 矿业工程, 2009, 7(3): 39-41.

[176] 常用根. 多绳摩擦提升系统健康状态监测系统研究[D]. 徐州: 中国矿业大学, 2017.

[177] 杨景峰. 煤矿副井提升安全监控系统应用研究[D]. 西安: 西安科技大学, 2015.